技工院校省级示范专业群建设规划教材

电气设备安装与检修

赵艾青　主　编

周宏博　段慧龙　副主编

U0224038

化学工业出版社

·北京·

本书是电气设备安装与维修课程的实训用书，着重介绍了维修电工的安全基本技能；照明装置的安装；常用低压电器的选用、安装与维修；电动机控制线路的安装与检修；典型机床电路检修这五个项目。每个项目由各自具体任务组成，按照"任务描述→任务分析→知识准备→任务实施→任务评价"的思路编写，让学生先了解任务，积极学习相关知识，按照任务实施的步骤方法去完成任务，通过评价激发学生的竞争意识和学习兴趣，使学生能够完整地完成某项工作，培养学生的分析问题、解决问题的能力。

　　本书可供技师学院、高级技校电工电子类、机电类等相关专业中级班、高级班学生使用，同时也可作为职业院校技能大赛选拔培训教材，本书内容分块详细，讲解清楚易懂，操作指导清楚有序，作为维修电工爱好者的自学用书，具有很强的实用性。

图书在版编目（CIP）数据

电气设备安装与检修/赵艾青主编. —北京：化学工业出版社，2015.11（2023.8重印）
技工院校省级示范专业群建设规划教材
ISBN 978-7-122-25469-6

Ⅰ.①电…　Ⅱ.①赵…　Ⅲ.①电气设备-设备安装-中等专业学校-教材②电气设备-检修-中等专业学校-教材　Ⅳ.①TM05②TM07

中国版本图书馆 CIP 数据核字（2015）第 248526 号

责任编辑：廉　静　　　　　　　　　装帧设计：王晓宇
责任校对：王　静

出版发行：化学工业出版社（北京市东城区青年湖南街 13 号　邮政编码 100011）
印　　装：北京科印技术咨询服务有限公司数码印刷分部
787mm×1092mm　1/16　印张 11　字数 275 千字　2023 年 8 月北京第 1 版第 3 次印刷

购书咨询：010-64518888　　售后服务：010-64518899
网　　址：http://www.cip.com.cn
凡购买本书，如有缺损质量问题，本社销售中心负责调换。

定　　价：26.00 元　　　　　　　　　　　　　　版权所有　违者必究

前言

　　泰安技师学院"电气自动化设备安装与维修专业群"是山东省首批技工院校省级示范专业群建设项目。为做好这一建设项目，学院省级示范专业群建设领导小组，按照省级示范专业群建设项目要求，组织编写《电气设备安装与检修》，本书为示范专业群建设项目内容之一。

　　根据技师学院、高级技校的教学实际情况和职业院校技能大赛的实际情况，本书编写遵循"理论够用、加强实训、提高技能、突出应用"的原则，每一任务的选择贴近企业生产实际情况，涉及学生技能大赛基本技能的训练，配合恰当的任务评价标准，解决实际问题，有利于提高学生的学习兴趣。本书既可用于实训教学，又可用于辅导学生参加技能大赛，或作为电工作业者学习的参考书籍。

　　本书主要特点如下。

　　1. 内容编排。采用项目任务的方式，知识准备、任务实施、任务评价及知识拓展。利于采用一体化的教学模式，"学中做，做中学"，实现"教、学、做"合一，注重学生的技能与知识的学习。

　　2. 内容选择。精选了企业实际生产中常用的工具、仪表、安全知识、生产机械主要控制线路单元及常用机床的故障检修，重点考虑了企业生产中能用到、学生技术比赛能涉及的、学校条件能实施的内容，注重学生职业的能力培养。

　　3. 以就业为导向，图文并茂，注重新工艺、新技能、新知识学习，培养学生职业能力，适应职业岗位需求。遵循学生的认知规律，由浅入深，循序渐进。以项目化的形式展开教学，以学生"做"为重点，突出动手能力的培养。

　　本书共有五个项目，赵艾青任主编，周宏博、段慧龙任副主编，赵艾青、程丽宁编写了项目三、项目四、项目五；段慧龙编写了项目二，周宏博编写了项目一。

　　本书在编写过程中，得到学院专业群建设领导小组的大力支持。本书的编写过程中刘福祥和孟宪雷同志提出了许多宝贵意见，在此一并致谢。

　　由于编者经验不足，水平有限，书中难免存在缺点和不足，敬请广大读者和同行批评指正。

编者

2015 年 9 月

目 录
CONTENTS

项目一

维修电工安全基本技能

知识目标

① 认识常用电工工具，电工仪表；

② 熟悉常用电工工具、电工仪表的种类及工作原理；

③ 掌握维修电工常用电工工具、电工仪表的使用。

技能目标

① 掌握维修电工基本操作技能，熟练使用电工工具；

② 掌握 MF-47 型万用表、兆欧表、钳形电流表的正确使用；

③ 安全操作，养成良好的、正确的使用习惯。

项目概述

现代生活离不开电，电专业的学生都必须要掌握一定的用电知识及电工操作技能。通过学习，要求学生学会使用一些常用的电工工具及仪表，比如剥线钳、螺旋钉具、万用表、兆欧表等，认识一些常用电工器具的外形及结构特点，并且要求学生掌握一些常用开关电器的使用方法及工作原理，实现理论联系实际，为后续课程的学习打下一定的基础。学生在操作中不仅要学会正确使用各种电工工具，还要养成良好的、正确的使用习惯。在知识学习的过程中，色环、安全色、安全标志是用电安全的保证，学生在学有余力的同时，要多关注这些拓展知识。

任务一 ▷▷▷

常用工具的使用

任务描述

维修电工的基本技能很多，掌握基本的操作技能，是做一名合格的维修电工的标准。常用的电工工具有验电器、电工刀、螺丝刀、钢丝钳、尖嘴钳、剥线钳、电烙铁。作为一名维修电工，必须掌握电工常用工具的使用方法及使用技巧。

任务分析

电工常用工具是指一般专业电工都要使用的常备工具。在这个任务中要学会验电笔、剥线钳、螺钉旋具、电工刀、钢丝钳、尖嘴钳等常用工具的使用方法。在学习的过程中，要熟悉各种工具的工艺要求。熟练掌握各种电工常用工具的使用技能。

知识准备

一、验电笔

1. 结构

验电笔的结构见图 1-1 所示，使用时，必须手指触及笔尾的金属部分，并使氖管小窗背光且朝自己，以便观测氖管的亮暗程度，防止因光线太强造成误判断，其使用方法见图 1-2 所示。

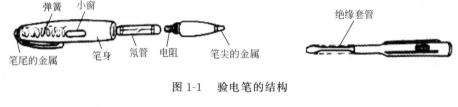

图 1-1　验电笔的结构

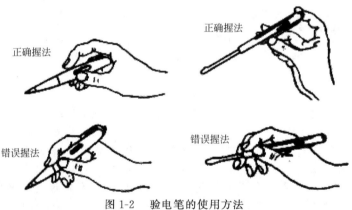

图 1-2　验电笔的使用方法

2. 使用方法

当用电笔测试带电体时，电流经带电体、电笔、人体及大地形成通电回路，只要带电体与大地之间的电位差超过 60V 时，电笔中的氖管就会发光。低压验电器检测的电压范围为 $60 \sim 500 V$。

3. 注意事项

使用前，必须在有电源处对验电笔进行测试，以证明该验电笔确实良好，方可使用。验电时，应使验电笔逐渐靠近被测物体，直至氖管发亮，不可直接接触被测体。手指必须触及笔尾的金属体，否则带电体也会被误判为非带电体。要防止手指触及笔尖的金属部分，以免造成触电事故。

二、高压验电器

1. 结构

验电器的结构如图 1-3 所示。

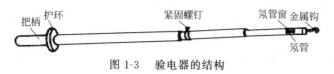

把柄 护环 紧固螺钉 氖管窗 金属钩 氖管

图 1-3 验电器的结构

2. 使用方法

验电器的使用方法如图 1-4 所示。

3. 注意事项

必须戴上符合要求的绝缘手套。手握部位不得超过护环。测试时必须有人在旁监护。小心操作，以防发生相间或对地短路事故。与带电体保持足够的安全间距（10kV 高压的安全距离应大于 0.7m）。室外操作时，必须天气良好，在雨、雪、雾及湿度较大的天气时，不宜进行操作，以免发生危险。

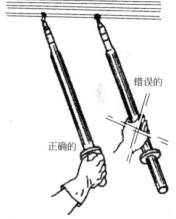

错误的
正确的

图 1-4 验电器的使用方法

三、剥线钳

1. 结构

剥线钳为内线电工、电机修理、仪器仪表电工常用的工具之一。它适宜于塑料、橡胶绝缘电线、电缆芯线的剥皮。剥线钳是专用于剥削较细小导线绝缘层的工具，主要由剥线区、切线区、手柄、规格尺等部分组成，其结构如图 1-5 所示。

2. 使用

使用剥线钳剥削导线绝缘层时，先将要剥削的绝缘长度用标尺定好，然后将导线放入相应的刃口中（比导线直径稍大），再用手将钳柄一握，导线的绝缘层即被剥离，如图 1-6 所示。

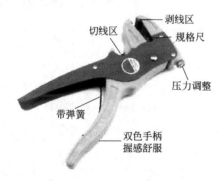

切线区 剥线区 规格尺 压力调整 带弹簧 双色手柄 握感舒服

图 1-5 剥线钳的结构

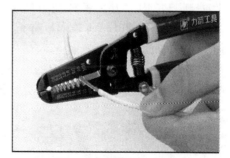

图 1-6 剥削导线方法

四、螺钉旋具

1. 结构

螺钉旋具又称螺丝刀、起子等。常见的螺钉旋具有 75mm、100mm、150mm、300mm

等长度规格，旋杆的直径和长度与刀口的厚薄和宽度成正比。按其头部形状可分为 ·字形和十字形两种，如图 1-7 所示。

2. 使用

使用螺丝刀时，如螺丝刀较大，除大拇指、食指和中指要夹住握柄外，手掌还要顶住柄的末端以防旋转时滑脱；如螺丝刀较小时，用大拇指和中指夹着握柄，同时用食指顶住柄的末端用力旋动。螺丝刀较长时，用右手压紧手柄并转动，同时左手握住起子的中间部分（不可放在螺钉周围，以免将手划伤），以防止起子滑脱。操作方式如图 1-8 所示。

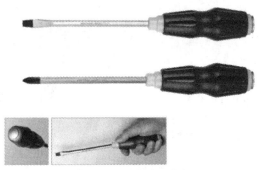

图 1-7　螺钉旋具的结构

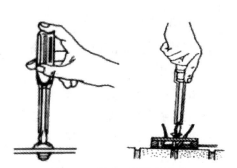

图 1-8　螺丝刀的使用方法

3. 注意事项

带电作业时，手不可触及螺丝刀的金属杆，以免发生触电事故。

作为电工，不应使用金属杆直通握柄顶部的螺丝刀。

为防止金属杆触到人体或邻近带电体，金属杆应套上绝缘管。

五、电工刀

1. 结构特点

电工刀是电工常用的一种切削工具。普通的电工刀由刀片、刀刃、刀把、刀挂等构成。不用时，需把刀片收缩到刀把内。刀片根部与刀柄相铰接，其上带有刻度线及刻度标识，前端形成有螺丝刀刀头，两面加工有锉刀面区域，刀刃上具有一段内凹

图 1-9　电工刀的结构

形弯刀口，弯刀口末端形成刀口尖，刀柄上设有防止刀片退弹的保护钮。电工刀的刀片汇集有多项功能，使用时只需一把电工刀便可完成连接导线的各项操作，无需携带其他工具，具有结构简单、使用方便、功能多样等特点，如图 1-9 所示。

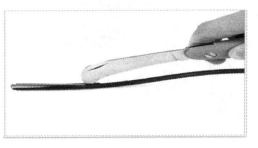

图 1-10　电工刀的使用方法

2. 注意事项

在使用电工刀时，不得用于带电作业，以免触电。应将刀口朝外剖削，并注意避免伤及手指。剖削导线绝缘层时，应使刀面与导线呈较小的锐角，以免割伤导线。使用完毕，随即将刀身折进刀柄，如图 1-10 所示。

六、钢丝钳

1. 结构及使用方法

钢丝钳是一种工具，它可以把坚硬的细钢丝夹断，其结构主要由钳口、刀口、齿口、铡口、钳头、钳柄和绝缘套组成。钳子的绝缘塑料管耐压在500V以上，有了它可以带电剪切电线。使用中切忌乱扔，以免损坏绝缘塑料管。它在工业、生活中应用非常广泛，如图1-11所示。

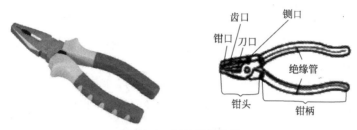

图1-11　钢丝钳的结构

钢丝钳在电工作业时，用途广泛。电工常用的钢丝钳有150mm、175mm、200mm及250mm等多种规格。可根据内线或外线工种需要选购。钳子的齿口也可用来紧固或拧松螺母；钳口可用来弯绞或钳夹导线线头；刀口可用来剪切导线或钳削导线绝缘层；铡口可用来铡切导线线芯、钢丝等较硬线材。钢丝钳各用途的使用方法见图1-12所示。使用中切勿把钳子当锤子使用。

图1-12　钢丝钳的使用方法

2. 使用注意事项

使用前，应检查钢丝钳绝缘是否良好，以免带电作业时造成触电事故。在带电剪切导线时，不得用刀口同时剪切不同电位的两根导线（如相线与零线、相线与相线等），以免发生短路事故。

七、尖嘴钳

修口钳，俗称尖嘴钳，也是电工（尤其是内线电工）常用的工具之一。其结构主要是由尖头、刀口和钳柄组成。尖嘴钳因其头部尖细（如图1-13所示），适用于在狭小的工作空间操作，一般用右手操作，使用时握住尖嘴钳的两个手柄，开始夹持或剪切工作。

尖嘴钳可用来剪断较细小的导线；可用来夹持较小的螺钉、螺帽、垫圈、导线等；也可用来对单股导线整

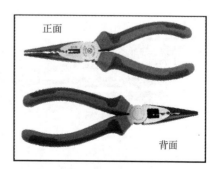

图1-13　尖嘴钳的结构

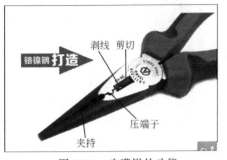

图 1-14　尖嘴钳的功能

形（如平直、弯曲等）。若使用尖嘴钳带电作业时，应检查其绝缘是否良好，并在作业时金属部分不要触及人体或邻近的带电体。各部分功能如图 1-14 所示。

用尖嘴钳弯导线接头的操作方法是：先将线头向左折，然后紧靠螺杆依顺时针方向向右弯即成。

八、其他工具

1. 斜口钳

斜口钳主要用于剪切导线、元器件多余的引线，还常用来代替一般剪刀剪切绝缘套管、尼龙扎线卡等。如图 1-15 所示。对粗细不同、硬度不同的材料，应选用大小合适的斜口钳。

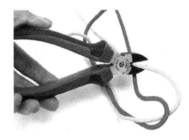

图 1-15　斜口钳的结构及作用

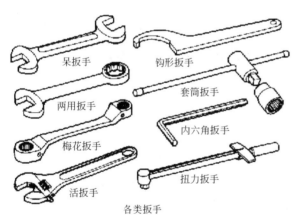

图 1-16　死扳手的形式

2. 扳手

扳手基本分为两种，死扳手和活扳手。前者指的是已经有固定的数字写上的扳手，包括呆扳手、梅花扳手、两用扳手、钩形扳手、套筒扳手等，后者就是活动扳手了，具体形式如图 1-16 所示。

活络扳手又叫活扳手，是一种旋紧或拧松有角螺丝钉或螺母的工具。结构由活络扳唇、呆扳唇、扳口、蜗轮、轴销和手柄组成。电工常用的有 200mm、250mm 及 300mm 三种，使用时应根据螺母的大小选配。结构及使用方法如图 1-17 所示。

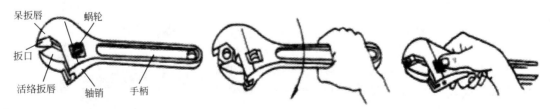

图 1-17　活扳手的结构及使用方法

使用时，右手握手柄。手越靠后，扳动起来越省力。

扳动小螺母时，因需要不断地转动蜗轮，调节扳口的大小，所以手应握在靠近呆扳唇处，并用大拇指调制蜗轮，以适应螺母的大小。

活络扳手的扳口夹持螺母时，呆扳唇在上，活扳唇在下。活扳手切不可反过来使用。在拧不动时，切不可采用钢管套在活络扳手的手柄上来增加扭力，因为这样极易损伤活络扳唇。不得把活络扳手当锤子用。

3. 手锯

（1）结构

它是切割用手动工具。施工现场中常用工具之一。结构如图 1-18 所示。

图 1-18　手锯的结构

钢锯由架弓和锯片组成，使用起来方便简单，可以多次更换锯片使用。

（2）分类

手锯按外形可分为：直锯、弯锯和折锯，使用起来弯锯较省力。按适用范围分为木工锯、园林锯、雕刻锯等等。按生产工艺分为研磨手锯、非研磨手锯。

（3）使用方法

安装锯条时，应使其锯齿方向为向前推进的方向，如图 1-19（a）所示。根据需要，锯面可与锯架平面平行或成 90°。

开始锯物品时，用左手的大拇指指甲压在线的左侧，用右手握锯柄，使锯条靠在大拇指旁，锯齿压在线上，锯条与材料平面成一个适当的角度（例如 15° 左右）。轻轻推动锯条，锯出一个小口，如图 1-19（b）所示。反复几次，待锯口达到一定深度后，开始双手控制进行正常锯切。

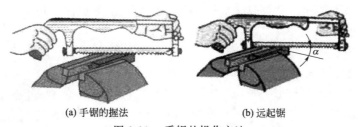

(a) 手锯的握法　　　　　　　　(b) 远起锯

图 1-19　手锯的操作方法

4. 梯子

登高的用具，一般用竹、木制成，供人逐阶上下。如图 1-20 所示，铝合金梯子是采用高强度铝合金材料制作而成，其特点是重量轻、强度高。大大方便了施工人员的操作。

使用前应做的准备工作：

① 确保所有铆钉、螺栓螺母及活动部件连接紧密，梯柱与梯阶间牢固可靠，伸展卡簧、

图1-20 铝合金梯子的结构

铰链工作状态良好。

② 梯子保持清洁，无油脂、油污、湿油漆、泥、雪等滑的物质。

③ 操作者的鞋子保持清洁，禁止穿皮底鞋。

5. 电动螺丝刀

（1）结构

电动螺丝刀—简称为电批，是装有调节和限制扭矩的机构，用于拧紧和旋松螺钉用的电动工具。具有重量轻、体积小的优点。它具有安全低压供电，力矩准确度为±3%，速度控制（高速和低速），有碳刷和无碳刷两种形式，有自动报警信号等特点。结构如图1-21所示。

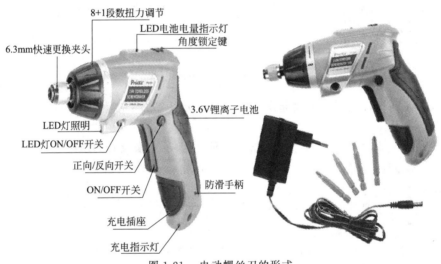

图1-21 电动螺丝刀的形式

（2）注意事项

① 严禁摔打电动螺丝刀，谨防碰撞或掉落现象，否则会产生马达噪音及起子晃动现象。

② 电动螺丝刀在工作时若摇晃大时必须停止使用，以免更深度地损坏电动螺丝刀，并知会管理人员安排维修。

③ 电动螺丝刀有异常问题时，及时知会管理员送于维修人员修理，一般异常现象为：起子不转动、起子转速不顺、起子头容易脱落或有晃动现象，起子不会自停。

④ 当电动螺丝刀力矩过小，不能满足使用时，应停止使用，及时知会管理人员安排更换大力矩的电动螺丝刀。

其操作方法如图1-22所示。

6. 压线钳

使用方法：

① 将压线片剪下备用，将导线进行剥线处理，裸线长度约为1.5mm，与压线片的压线部位大致相等。如图1-23所示。

图1-22 电动螺丝刀的操作方法

② 将压线片的开口方向向着压线槽放入，并使压线片尾部的金属带与压线钳平齐。如图 1-24 所示。

③ 将导线插入压线片，对齐后压紧。如图 1-25 所示。

④ 将压线片取出，观察压线的效果，掰去压线片尾部的金属带即可使用。如图 1-26 所示。

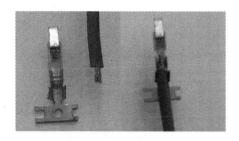

图 1-23　压线钳使用方法 1

图 1-24　压线钳使用方法 2

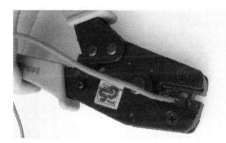

图 1-25　压线钳使用方法 3

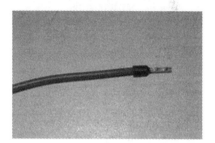

图 1-26　压线钳使用方法 4

任务实施

一、工具、仪表及器材

① 工具：验电笔、螺钉旋具、剥线钳、尖嘴钳、电工刀、断线钳。

② 导线：BLV2.5mm²（铝芯线）、BLVV2.5mm²、（护套铝芯线）、BV1.0mm²（铜芯硬线）、BVR0.75mm²（铜芯软线）各 50m，电缆线少许。

③ 其他器材：网孔板一块、螺钉若干、多抽头变压器一个、开关一个、塑料线槽。

二、训练步骤及工艺要求

1. 验电笔的使用

① 用正确的握法拿好验电笔，手指触及尾部的金属体，使氖管小窗背光朝向操作者。注意手一定不能触及头部的金属体。

② 在确定带电的地方验证验电笔是否良好。

③ 用验电笔测量图 1-27 所示的 36V、220V 和 380V 电源，观察氖管发光的强弱，结果填入表 1-1 中。

④ 用验电笔分别测量墙壁上照明的两孔插座、三孔插座和四孔插座观察氖管的发光情况如图 1-28 所示，结果填入表 1-1 中。

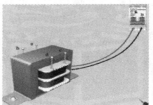
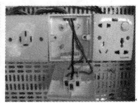

图 1-27　测量电源

图 1-28　测量插座

表 1-1　测量结果

项目内容	现象或结果					
电笔测不同电压	36V		220V		380V	
电笔测插座	两孔插座			三孔插座		
	左		右	左	右	上

2. 剥线钳的使用

① 选择好导线，根据选择，不确定要剥削的绝缘层长度的位置。

② 根据导线的线径，选择好剥线钳合适的刃口（比导线直径稍大）。

③ 将导线放入，将手柄用力一握，导线的绝缘层就被割破，手一松就自动弹出。

④ 选择不同粗细的导线，反复练习。

具体练习方法如图 1-29 所示。

图 1-29　剥线钳的练习

提示：鸭嘴剥线钳可同时剥削几根导线。

3. 螺钉旋具的使用

① 瓦型接线桩的接线练习：如图 1-30（b）所示，将剥削好的导线线芯弯成 U 型后，连接到低压电器的瓦型垫片的接线桩上。若两根导线需 U 型头重合压下。

② 针孔式接线桩的接线练习：如图 1-30（c）所示，将剥削好的导线线芯插入插线孔内，旋紧螺钉就好。若线芯较细，可对折后插入针孔再旋紧螺钉；若是多股导线，一定将线芯绞紧后插入针孔。注意一定将线芯插到底，同时又不能压住绝缘层。

③ 在网孔板上做紧固或拆卸螺钉的练习。

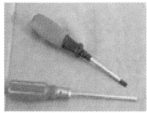
(a) 螺钉旋具

(b) 练习 1

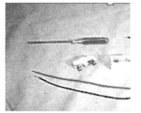
(c) 练习 2

(d) 练习 3

图 1-30 螺钉旋具的练习

安全提示：

① 小螺钉旋具使用时，可用食指顶住末端，用大拇指和中指进行捻旋。

② 紧固或拆卸带电螺钉时，手不得触及旋具的金属杆，以免触电。

③ 可在螺钉旋具的金属杆上套绝缘套管做防护。

4. 电工刀的使用

① 电缆线或芯线截面积≥4mm² 的导线 如图 1-31（b）所示，要用电工刀去绝缘层。

选取合适的位置，以 45°的角切下去，刀放平再以较小的锐角向前推削，不可损伤线芯，去掉上面一层塑料绝缘层，下面的绝缘层扳下来齐根切去。

② 塑料护套线绝缘层的剖削，如图 1-31（c）所示，确定所需长度，用刀尖对准护套线中间缝隙划开护套层，向后扳反护套层，齐根切去。

③ 用电工刀练习削制木楔。如图 1-31（d）所示。

(a) 电工刀

(b) 电缆

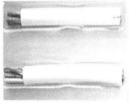
(c) 塑料护套线

(d) 木楔

图 1-31 电工刀的练习

5. 钢丝钳的使用

① 钢丝钳刀口剪切导线如图 1-32（c）所示和剖削塑料硬线的绝缘层：

线芯截面积≤4mm² 以下的塑料硬线都可用钢丝钳进行剖削。

左手握住导线，根据所需长度用钢丝钳口切割绝缘层，右手握住钢丝钳钳头向外勒出塑料绝缘层即可。

② 用钳口弯绞导线，如图 1-32（b）所示。

(a) 钢丝钳

(b) 钳口弯绞导线

(c) 刀口剪切导线

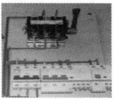
(d) 成品

图 1-32 钢丝钳的练习

③ 钢丝钳齿口用来紧固或拆卸螺母练习。

6. 尖嘴钳的使用

① 用尖嘴钳切断和弯曲细小的导线、金属丝。

② 用尖嘴钳夹持小螺钉、垫圈、及导线。

③ 用尖嘴钳将导线弯曲成所需的各种形状，如图 1-33（b）所示的羊眼圈。先向相反方向扳 90°，然后用齿口一点一点弯曲。

 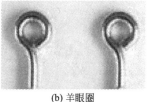

(a) 尖嘴钳　　　　　　　　　　(b) 羊眼圈

图 1-33　尖嘴钳的练习

7. 断线钳的使用

剪断较粗的电线、金属丝、电缆等进行练习，如图 1-34 所示。

注意事项：

① 使用电工工具时，应注意操作要领的正确，若发现错误应及时纠正。

② 实习操作要养成良好的安全文明的操作习惯。

图 1-34　断线钳

③ 操作时，电工工具应装入工具袋和工具包内，并随身携带。公用工具应放入专用的箱内，以及放置到指定地点。

任务评价

表 1-2　电工工具使用的自评互评表

班级		姓名		学号		组别		
项　目	考核内容		配分	评分标准			自评	互评
验电笔的使用	① 使用方法正确 ② 测量结果填入表		20分	① 使用不正确扣 10 分 ② 结果错误扣 10 分				
旋具的使用	① 使用方法正确 ② 文明作业		20分	① 使用不正确扣 10 分 ② 不文明作业扣 10 分				
电工刀的使用	① 使用方法正确 ② 导线无损伤		20分	① 使用不正确扣 10 分 ② 导线有损伤每处扣 3 分				
钢丝钳、尖嘴钳做剪切、弯、绞导线练习	① 握钳姿势正确 ② 导线无损伤 ③ 多股导线无剖断		30分	① 姿势不正确扣 10 分 ② 导线有损伤每处扣 3 分 ③ 多股导线剖断每根扣 3 分				
安全文明操作	① 违反操作规程 ② 工作场地不整洁		10分	① 违反规程扣 5 分 ② 不整洁扣 5 分				

任务二 ▷▷▷
万用表的使用

任务描述 ✍

　　万用表是一种多功能、多量程的便携式电工仪表，一般的万用表可以测量直流电流、交直流电压和电阻。MF-47 型万用表是电工必备的仪表之一，具有 26 个基本量程和电平、电容、电感、晶体管直流参数等 7 个附加参考量程，是一种量限多、分挡细、灵敏度高、体形轻巧、性能稳定、过载保护可靠、读数清晰、使用方便的新型万用表。通过学习 MF-47 型万用表的原理与安装实习，应熟练掌握其工作原理及使用方法。

任务分析 🔍

　　MF-47 型万用表是最常用的电工仪表之一，通过学习，学生应该在了解其基本工作原理的基础上正确熟练使用万用表，学会安装和调试，并掌握万用表的维护，学会排除一些万用表的常见故障。通过实习要求大家在初步掌握这一技能的同时，注意培养自己在工作中的耐心细致，一丝不苟的工作作风。

知识准备 ◗

万用表的种类

　　根据所应用的测量原理和测量结果显示方式的不同，常用的万用表一般可以分为模拟式（指针式）和数字式两种，如图 1-35 所示。其中模拟式的优点是可以显示连续变化的电量，而数字式的优点是读数比较直观。

1. 指针式万用表

　　指针式万用表的型号繁多，图 1-36、图 1-37 为常用的 MF-47 型万用表的外形。

　　（1）MF-47 型指针式万用表的特点

　　MF-47 型万用表采用高灵敏度的磁电

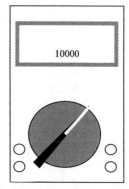

图 1-35　指针式万用表与数字式万用表

系整流式表头，造型大方、设计紧凑、结构牢固、携带方便，零部件均选用优良材料及先进的工艺处理，具有良好的电气性能和机械强度。其特点为以下几个方面。

　　① 测量机构采用高灵敏度表头，性能稳定。线路部分保证可靠、耐磨，维修方便。

　　② 表盘标度尺、刻度线与挡位开关旋钮指示盘均为红、绿、黑三色，分别按交流红色、晶体管绿色，其余黑色对应制成，共有七条专用刻度线，刻度分开，便于读数；配有反光铝膜，消除视差，提高了读数精度。

③ 除交直流 2500V 和直流 5A 分别有单独的插座外，其余只需转动一个选择开关，使用方便。

④ 装有提把，不仅便于携带，而且可在必要时做倾斜支撑，便于读数。

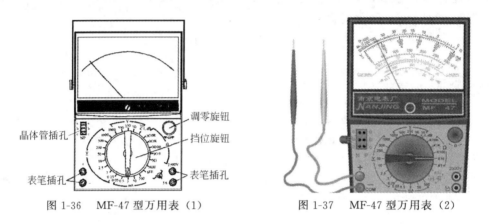

图 1-36　MF-47 型万用表（1）　　　　图 1-37　MF-47 型万用表（2）

（2）MF-47 型指针式万用表的组成

指针式万用表的型式很多，但基本结构是类似的。MF-47 型万用表的基本结构分为：面板、表头、表盘、测量电路及转换开关等四个部分。其中万用表的主要性能指标基本取决于表头性能，表头灵敏度越高，内阻越大，则万用表的性能越好。图 1-38 所示为 MF-47 型万用表的组成。

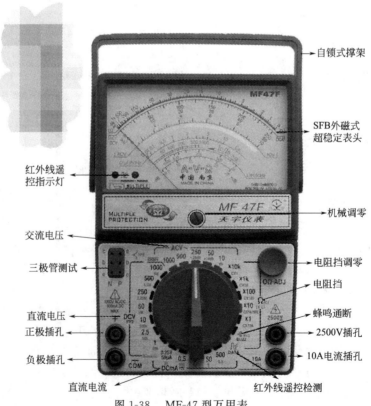

图 1-38　MF-47 型万用表

（3）MF-47 型指针式万用表基本的工作原理

MF-47 型万用表由表头、电阻测量挡、电流测量挡、直流电压测量挡和交流电压测量挡几个部分组成，图 1-39 中"一"为黑表棒插孔，"＋"为红表棒插孔。

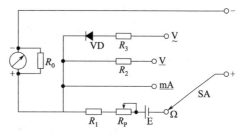

图 1-39　指针式万用表最基本的测量原理图

测电压和电流时，外部有电流通入表头，因此不须内接电池。

当把挡位开关旋钮 SA 打到交流电压挡时，通过二极管 VD 整流，电阻 R_3 限流，由表头显示出来。

当打到直流电压挡时不须二极管整流，仅须电阻 R_2 限流，表头即可显示。

打到直流电压挡时既不须二极管整流，也不须电阻 R_2 限流，表头即可显示。

测电阻时将转换开关 SA 拨到"Ω"挡，这时外部没有电流通入，因此必须使用内部电池作为电源，设外接的被测电阻为 R_x，表内的总电阻为 R，形成的电流为 I，由 R_x、电池 E、可调电位器 R_P、固定电阻 R_1 和表头部分组成闭合电路，形成的电流 I 使表头的指针偏转。红表棒与电池的负极相连，通过电池的正极与电位器 R_P 及固定电阻 R_1 相连，经过表头接到黑表棒与被测电阻 R_x 形成回路产生电流使表头显示。回路中的电流为：

$$I = \frac{E}{R_x + R}$$

从上式可知：I 和被测电阻 R_x 不成线性关系，所以表盘上电阻标度尺的刻度是不均匀的。当电阻越小时，回路中的电流越大，指针的摆动越大，因此电阻挡的标度尺刻度是反向分度。

当万用表红黑两表棒直接连接时，相当于外接电阻最小 $R_x = 0$，那么：

$$I = \frac{E}{R_x + R} = \frac{E}{R}$$

此时通过表头的电流最大，表头摆动最大，因此指针指向满刻度处，向右偏转最大，显示阻值为 0Ω。请确认电阻挡的零位是在左边还是在右边，其余挡的零位与它是否一致。

反之，当万用表红黑两表棒开路时 $R_x \to \infty$，R 可以忽略不计，那么：

$$I = \frac{E}{R_x + R} \approx \frac{E}{R} \to 0$$

此时通过表头的电流最小，因此指针指向 0 刻度处，显示阻值为 ∞。

（4）MF-47 型指针式万用表的使用

① 使用前的检查与调整　在使用万用表进行测量前，应进行下列检查、调整：

a. 外观应完好无破损，当轻轻摇晃时，指针应摆动自如。

b. 旋动转换开关，应切换灵活无卡阻，挡位应准确。

c. 水平放置万用表，转动表盘指针下面的机械调零螺丝，使指针对准标度尺左边的 O 位线。

d. 测量电阻前应进行电调零（每换挡一次，都应重新进行电调零）。即：将转换开关置于欧姆挡的适当位置，两支表笔短接，旋动欧姆调零旋钮，使指针对准欧姆标度尺右边的 O 位线。如指针始终不能指向 O 位线，则应更换电池。

e. 检查表笔插接是否正确。黑表笔应接"一"极或"＊"插孔，红表笔应接"＋"极。

f. 检查测量机构是否有效，即应用欧姆挡，短时碰触两表笔，指针应偏转灵敏。

② MF-47 型指针式万用表的基本测量步骤。

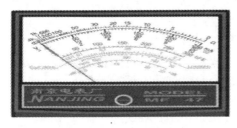

图 1-40　指针调零

a. 将万用表水平放置。

b. 机械调零。

表头的准确度等级为 1 级（即表头自身的灵敏度误差为±1%），水平放置，整流式仪表，绝缘强度试验电压为 5000V。表头中间下方的小旋钮为机械零位调节旋钮。旋动万用表面板上的机械零位调整螺钉，使指针对准刻度盘左端的"0"位置，如图 1-40 所示。

c. 根据测量参数要求插入黑、红表笔。

MF-47 万用表共有四个插孔，左下角红色"＋"为红表棒，正极插孔；黑色"－"为公共黑表棒插孔；右下角"2500V"为交直流 2500V 插孔；"5A"为直流 5A 插孔，如图 1-41 所示。

图 1-41　指针

d. 选择合适的挡位及量程（电压、电流、电阻等）。

挡位开关共有五挡，分别为交流电压、直流电压、直流电流、电阻及晶体管，共 24 个量程。面板示意图为图 1-42 所示。

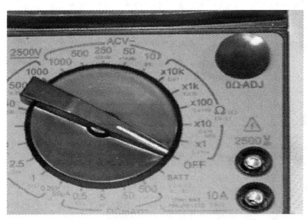

图 1-42　面板

e. 如果选择欧姆挡还应进行欧姆调零。

f. 将万用表两表笔连接于被测电路中。（注意串联还是并联，直流参数还应注意极性）

g. 根据选择的挡位及量程读取数值。

读数时目光应与表面垂直，使表指针与反光铝膜中的指针重合，确保读数的精度。检测时先选用较高的量程，根据实际情况，调整量程，最后使读数在满刻度的 2/3 附近。

h. 测量完毕后将位开关调至交流电压最大挡或空挡。

③ 测量直流电压。 把万用表两表棒插好，红表棒接"＋"，黑表棒接"－"，把挡位开关旋钮打到直流电压挡，并选择合适的量程。当被测电压数值范围不确定时，应先选用较高的量程，把万用表两表棒并接到被测电路上，红表棒接直流电压正极，黑表棒接直流电压负极，不能接反。根据测出电压值，再逐步选用低量程，最后使读数在满刻度的 2/3 附近。具体操作如图 1-43 所示。

④ 测量交流电压。 测量电压时，表笔应与被测电路并联。测量直流电压时，应注意极性。若无法区分正、负极，则先将量程选在较高挡位，用表笔轻触电路，若指针反偏，则调换表笔。

合理选择量程。若被测电压无法估计，先应选择最大量程，视指针偏摆情况再做调整。测量时应与带电体保持安全间距，手不得触至表笔的金属部分。测量高电压时（500～2500V），应戴绝缘手套且站在绝缘垫上使用高压测试笔进行。

⑤ 测量直流电流。 把万用表两表棒插好，红表棒接"＋"，黑表棒接"－"，把挡位开关旋钮打到直流电流挡，并选择合适的量程。当被测电流数值范围不确定时，应先选用较高的量程。把被测电路断开，将万用表两表棒串接到被测电路上，注意直流电流从红表棒流入，黑表棒流出，不能接反。根据测出电流值，再逐步选用低量程，保证读数的精度。连接示意如图 1-44 所示。

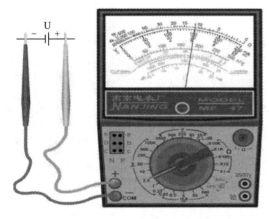

图 1-43　测量直流电压

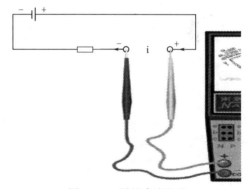

图 1-44　测量直流电流

⑥ 测量电阻。 插好表棒，打到电阻挡，并选择量程。短接两表棒，旋动电阻调零电位器旋钮，进行电阻挡调零，使指针打到电阻刻度右边的"0"Ω处，将被测电阻脱离电源，用两表棒接触电阻两端，从表头指针显示的读数乘所选量程的分辨率数即为测量电阻的阻值。如选用 R×10 挡测量，指针指示 50，则被测电阻的阻值为：$50\Omega\times10=500\Omega$。如果示值过大或过小要重新调整挡位，保证读数的精度。测量方法如图 1-45 所示。

（5）使用万用表的注意事项

测量时不能用手触摸表棒的金属部分，以保证安全和测量的准确性。测电阻时如果用手捏住表棒的金属部分，会将人体电阻并接于被测电阻而引起测量误差。

测量直流量时注意被测量的极性，避免反偏打坏表头。

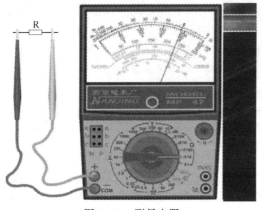

图 1-45　测量电阻

不能带电调整挡位或量程，避免电刷的触点在切换过程中产生电弧而烧坏线路板或电刷。

测量完毕后应将挡位开关旋钮打到交流电压最高挡或空挡。不允许测量带电的电阻，否则会烧坏万用表。表内电池的正极与面板上的"－"插孔相连，负极与面板"＋"插孔相连，如果不用时误将两表棒短接会使电池很快放电并流出电解液，腐蚀万用表，因此不用时应将电池取出。

在测量电解电容和晶体管等器件的阻值时要注意极性。电阻挡每次换挡都要进行调零。

不允许用万用表电阻挡直接测量高灵敏度的表头内阻，以免烧坏表头。一定不能用电阻挡测电压，否则会烧坏熔断器或损坏万用表。

2. 数字万用表

数字万用表具有测量精度高、显示直观、功能全、可靠性好、小巧轻便以及便于操作等优点。

（1）面板结构与功能

图 1-46 为 DT-830 型数字万用表的面板图，包括 LCD 液晶显示器、电源开关、量程选择开关、表笔插孔等。

液晶显示器最大显示值为 1999，且具有自动显示极性功能。若被测电压或电流的极性为负，则显示值前将带"－"号。若输入超量程时，显示屏左端出现"1"或"－1"的提示字样。

电源开关（POWER）可根据需要，分别置于"ON"（开）或"OFF"（关）状态。测量完毕，应将其置于"OFF"位置，以免空耗电池。数字万用表的电池盒位于后盖的下方，采用 9V 叠层电池。电池盒内还装有熔丝管，以起过载保护作用。旋转式量程开关位于面板中央，用于选择测试功能和量程。若用表内蜂鸣器做通断检查时，量程开关应停放在标有"·)))"符号的位置。

图 1-46　DT-830 型数字万用表

h_{FE} 插口用于测量三极管的 h_{FE} 值时，将其 B、C、E 极对应插入。

输入插口是万用表通过表笔与被测量连接的部位，设有"COM"、"V·Ω"、"mA"、"10A"四个插口。使用时，黑表笔应置于"COM"插孔，红表笔依被测种类和大小置于"V·Ω"、"mA"或"10A"插孔。在"COM"插孔与其他三个插孔之间分别标有最大（MAX）测量值，如 10A、200mA、交流 750V、直流 1000V，如图 1-47 所示。

（2）使用方法

测量交、直流电压（ACV、DCV）时，红、黑表笔分别接"V·Ω"与"COM"插孔，旋动量程选择开关至合选位置（200mV、2V、20V、200V、700V 或 1000V），红、黑表笔并接于被测电路（若是直流，注意红表笔接高电位端，否则显示屏左端将显示"－"）。此时显示屏显示出被测电压数值。若显示屏只显示最高位"1"，表示溢出，应将量程调高。如图 1-48 所示。

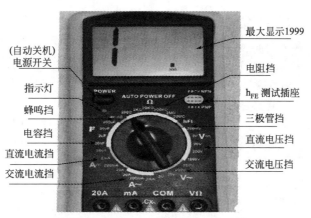

图 1-47 DT-830 型数字万用表功能

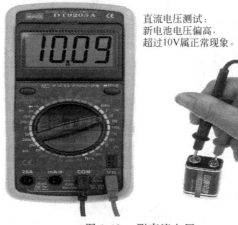

图 1-48 测直流电压

测量交、直流电流（ACA、DCA）时，红、黑表笔分别接"mA"（大于 200mA 时应接"10A"）与"COM"插孔，旋动量程选择开关至合适位置（2mA、20mA、200mA 或 10A），将两表笔串接于被测回路（直流时，注意极性），显示屏所显示的数值即为被测电流的大小。

测量电阻时，无须调零。将红、黑表笔分别插入"V·Ω"与"COM"插孔，旋动量程选择开关至合适位置（200、2K、200K、2M、20M），将两笔表跨接在被测电阻两端（不得带电测量），显示屏所显示的数值即为被测电阻的数值。当使用 200MΩ 量程进行测量时，先将两表笔短路，若该数不为零，仍属正常，此读数是一个固定的偏移值，实际数值应为显示数值减去该偏移值。

进行二极管和电路通断测试时，红、黑表笔分别插入"V·Ω"与"COM"插孔，旋动量程开关至二极管测试位置。正向情况下，显示屏即显示出二极管的正向导通电压，单位为 mV（锗管应在 200～300mV 之间，硅管应在 500～800mV 之间）；反向情况下，显示屏应显示"1"，表明二极管不导通，否则，表明此二极管反向漏电流大。正向状态下，若显示"000"，则表明二极管短路，若显示"1"，则表明断路。如图 1-49 所示。在用来测量线路或器件的通断状态时，若检测的阻值小于 30Ω，则表内发出蜂鸣声以表示线路或器件处于导通状态。

进行晶体管测量时，旋动量程选择开关至"hFE"位置（或"NPN"或"PNP"），将被测三极管依 NPN 型或 PNP 型将 B、C、E 极插入相应的插孔中，显示屏所显示的数值即

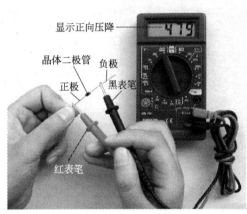

显示正向压降

晶体二极管 负极

正极 黑表笔

红表笔

图 1-49 测量二极管

为被测三极管的"h$_{FE}$"参数。

进行电容测量时,将被测电容插入电容插座,旋动量程选择开关至"CAP"位置,显示屏所示数值即为被测电容的电荷量。

(3)注意事项

① 当显示屏出现"LOBAT"或"←"时,表明电池电压不足,应予更换。

② 若测量电流时,没有读数,应检查熔丝是否熔断。

③ 测量完毕,应关上电源;若长期不用,应将电池取出。

④ 不宜在日光及高温、高湿环境下使用与存放（工作温度为 0~40℃,湿度为 80％）。使用时应轻拿轻放。

任务实施

一、工具、 仪表及器材

1. 仪表与电动机

MF47 型万用表 20 块、数字万用表、电动机 10 台,如图 1-50 所示。

UT-100 型

MF-47 型

MF-500 型

电动机

图 1-50 器材

2. 其他器材

多抽头变压器一个、开关、焊接线路板一块,9V 及 1.5V 干电池、电阻若干。

3. 准备工作

① 第一步如图 1-51 所示,根据下列电路图配齐元件,第二步把元件焊接成线路板,准备测量练习。

② 连接开关和变压器,准备下面的测量练习。

二、训练步骤及工艺要求

1. 用万用表测电阻的练习

练习一:测量线路板中的电阻 R1、R2 的阻值

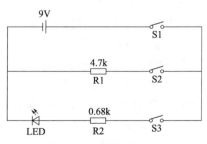

图 1-51 测量电路

焊接好的线路板如图 1-52 所示。

① 首先断开电源开关 S1、S2、S3（万用表测电阻时必须先断开电源）。

② 万用表的选择开关选在电阻挡 RX100。

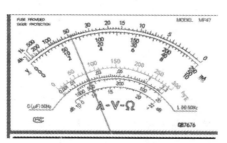

图 1-52　线路板

③ 万用表红、黑两个表棒短接，进行电调零。

④ 将万用表的两个表棒分别搭接在电阻 R1 两端，进行读数。

⑤ 同样的办法测量电阻 R2 的阻值。

⑥ 根据 R1、R2 电阻上的色环计算出两个电阻的阻值。

⑦ 两个阻值可与原理图中的标值去对照，比较结果。

⑧ 把结果填入表 1-3 中。

注意：若万用表指针指在表盘的左侧或靠近右侧，读数都不会太准确，这时要通过改变选择的乘数挡，使指针指在 1/2 或 2/3 的位置较准确地进行读数。如图 1-53 所示。

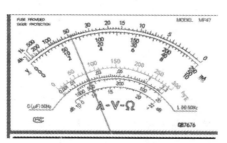

图 1-53　万用表指针

练习二：测量电动机绕组电阻，简单判定电机的好坏

（1）把万用表的转换开关打在电阻挡 R×10 挡进行调零

① 测量电动机三相绕组的电阻，$R_{U1-U2}=?$　　$R_{V1-V2}=?$　　$R_{W1-W2}=?$ 填入表 1-3 中。

② 把电动机的绕组接成 Y 接法，测量任两绕组首之间的阻值 $R_{U1-V1}=?$　　$R_{U1-W1}=?$　　$R_{V1-W1}=?$ 填入表 1-3 中。

③ 把电动机的绕组接成△接法，测量任两绕组首之间的阻值 $R_{U1-V1}=?$　　$R_{U1-W1}=?$　　$R_{V1-W1}=?$ 填入表 1-3 中。

具体接法见图 1-54 所示。

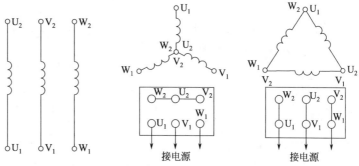

图 1-54　电动机及绕组接法

（2）把结果填入表1-3中。

表 1-3　测量结果

项目内容		结　　果			
练习一 测量 R1、R2	万用表测量	R1=		R2=	
	看色环,计算	R1=		R2=	
练习二 测量电机绕组电阻	绕组电阻	$R_{U1-U2}=$	$R_{V1-V2}=$		$R_{W1-W2}=$
	Y接法绕组电阻	$R_{U1-V1}=$	$R_{V1-W1}=$		$R_{V1-W1}=$
	△接法绕组电阻	$R_{U1-V1}=$	$R_{U1-W1}=$		$R_{V1-W1}=$

思考：练习二中9个R的关系？

注意事项：

① 万用表测电阻时，每进行一次改变挡位，要进行一次调零。

② 若调零时，指针总是指不到零位，就要考虑更换电池。

③ 万用表测量电阻一定要先断开电源。

2. 万用表测量交流电压的练习

如图1-55所示多抽头的变压器连接开关如图1-55（a）所示，变压器的抽头如图1-55（b）所示。

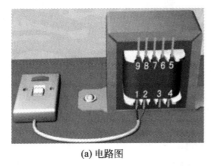

(a) 电路图　　　　　　　　　　(b) 变压器绕组

图 1-55　实物图

测量步骤：

① 万用表的转换开关打在交流电压挡250V上。（若不知电压高低时，可打在电压最高挡上）

② 合上电源开关。

③ 把万用表的两个表棒分别搭接在1、2上，测量出两者之间的电源电压。

④ 把万用表的两个表棒分别搭接在3、4上，测量出绕组1的电压。

⑤ 把万用表的两个表棒分别搭接在5与6、5与7、6与7上，分别测量出绕组2的电压。

⑥ 把万用表的两个表棒分别搭接在8、9上，测量出绕组3的电压。

把测量结果填入表1-4中。

表 1-4　测量结果

项目内容	结果	项目内容	结果		
电源电压	$U_{1-2}=$	绕组 2 电压	$U_{5-6}=$	$U_{5-7}=$	$U_{6-7}=$
绕组 1 电压	$U_{3-4}=$	绕组 3 电压	$U_{8-9}=$		

注意：测电压时，万用表的两个表棒要并接在所测线路上。

3. 万用表测量直流电压和直流电流的练习

根据图 1-56 所示，分析原理图（a），在焊接好的线路板（b）上进行如下测量。

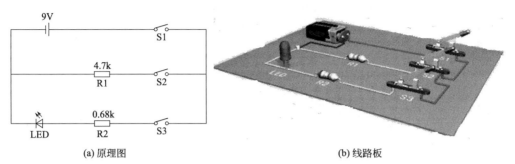

| (a) 原理图 | (b) 线路板 |

图 1-56　测量直流电压和直流电流

练习一：测量 R2 两端的电压

① 将万用表的转换开关旋转至直流电压 10V 挡。

② 合上开关 S1、S3。

③ 将万用表的红表棒放在 S3 端，黑表棒接 R2 靠近 LED 的那面管脚上。

④ 读出 R2 的电压值，填入表 1-5 中。

练习二：测量 LED 两端的电压

① 同上面的方法。可选 10V 挡，也可选 2.5V 的挡。

② 把测量结果填入表 1-5 中。

注意：

① 万用表测直流电时，红表棒一定接直流电的正极，黑表棒接直流电的负极。并且要并接在所测线路两端。

② 当不知道直流电的正、负极时，可在一端固定红表棒，用黑表棒碰另一端，看指针向哪个方向摆，若向反摆，这说明正、负极接错了。

练习三：测量图 1-56 中 R2 支路中的电流

① 把万用表的转换开关旋转到合适的直流电流挡（大约 50mA）。

② 合上开关 S1。

③ 将红表棒放在 S3 的右端（或 S1 的右端），黑表棒放在 S3 的左端（或 R2 的右端），即把万用表串接到线路中。

④ 读出 R2 支路中的电流，填入表 1-5 中。

表 1-5　测量结果

项目内容	测量结果
练习一（R2 两端的直流电压/V）	
练习二（LED 两端的直流电压/V）	
练习三（R2 支路的直流电流/mA）	

注意：同样的题目可用数字式的万用表进行测量一次。

万用表的注意事项及维护：

① 使用万用表之前，要进行机械调零。

② 测量电阻之前要进行欧姆调零，并且每换一次倍率挡位就要调一次零。

③ 一定在断开电源的情况下再测量电阻。

④ 当万用表指针不动时，可打开后盖检查熔断器是否熔断；若测电阻调零时总不指零，可检查电池是否有电。

⑤ 万用表不用时，要将转换开关置于交流电压最高挡或空挡。

任务评价

表1-6 万用表使用的自评互评表

班级		姓名		学号		组别	
项 目	考核内容		配分	评分标准		自评	互评
万用表测电阻	① 测量方法正确 ② 测量结果填入表		30分	① 方法不正确扣10分 ② 结果错误每个扣3分			
测交流电压	① 测量步骤正确 ② 测量结果正确		20分	① 步骤不正确扣10分 ② 结果错误每个扣3分			
测直流电压	① 测量步骤正确 ② 测量结果正确		20分	① 步骤不正确扣10分 ② 结果错误每个扣3分			
测直流电流	① 测量步骤正确 ② 测量结果正确		20分	① 步骤不正确扣10分 ② 结果错误每个扣3分			
安全文明操作	① 违反操作规程 ② 工作场地不洁		10分	① 违反规定扣10分 ② 场地脏、乱、差扣5分			

知识拓展

一、测量口诀

1. 测量直流电流的口诀

量程开关拨电流，表笔串接电路中，正负极性要正确，挡位由大换到小，换好挡后再测量。

2. 测量直流电压的口诀

挡位量程先选好，表笔并接路两端，红笔要接高电位，黑笔接在低位端，换挡之前请断电。

3. 测量交流电流的口诀

量程开关选电流，挡位大小符要求，表笔并接路两端，极性不分正与负，测出电压有效值，测量高压要换扣，勿忘换挡先断电。

4. 测量电阻的口诀

测电阻，先调零，断开电源再测量，手不宜接触电阻，再防并接变精度，读数勿忘乘倍数。

二、电阻色环代表数字特点

黑、棕	红、橙、黄	绿、蓝	紫、灰、白
0、1	2、3、4	5、6	7、8、9

任务三 ▷▷▷
兆欧表的使用

任务描述

兆欧表（Megger）俗称摇表，兆欧表大多采用手摇发电机供电，故又称摇表。它的刻度是以兆欧（M ）为单位的。兆欧表是电力、机电安装和维修以及利用电力作为工业动力或能源的工业企业部门常用而且必不可少的仪表。它主要用来检查电气设备、家用电器或电气线路对地及相间的绝缘电阻，以保证这些设备、电器和线路工作在正常状态，避免发生触电伤亡及设备损坏等事故。

任务分析

① 掌握兆欧表的应用范围；
② 理解兆欧表的结构、原理；
③ 熟练掌握兆欧表的正确使用方法、选择、维护。

知识准备

一、兆欧表的选用

兆欧表的选用主要考虑两个方面：一是电压等级，二是测量范围。

测量额定电压在 500V 以下的设备或线路的绝缘电阻时，可选用 500V 或 1000V 的兆欧表；测量额定电压在 500V 以上的设备或线路的绝缘电阻时，可选用 1000～2500V 的兆欧表；测量瓷瓶时，应选用 2500～5000V 的兆欧表。兆欧表的结构如图 1-57 所示。

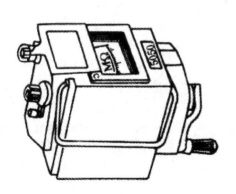

图 1-57　兆欧表

兆欧表测量范围的选择主要考虑两点：一方面是测量低压电气设备的绝缘电阻时可选用 0～200MΩ 的兆欧表，测量高压电气设备或电缆时可选用 0～2000MΩ 兆欧表；另一方面，因为有些兆欧表的起始刻度不是零,而是1MΩ或2MΩ,这种仪表不宜用来测量处于潮湿环境中的低压电气设备的绝缘电阻,因其绝缘电阻可能小于1MΩ,造成仪表上无法读数或读数不准确。

二、结构原理

1. 兆欧表的构造

兆欧表是一种专门用来测量电气设备绝缘电阻的便携式仪表。又称"绝缘电阻表",俗称"摇表"。一般的兆欧表主要由手摇直流发电机、磁电系比率表以及测量线路组成。手摇直流发电机的额定电压主要有500V、1000V、2500V等几种。目前生产的兆欧表许多也采用手摇交流发电机,输出的交流电压经过倍压整流后供给测量线路使用。不论采用何种电源,最终都要转换成直流电压。

2. 兆欧表的工作原理

如图1-58所示,被测电阻R_x接在"L"与"E"端钮之间。摇动直流发电机的手柄,发电机两端产生较高的直流电压,线圈1和线圈2同时通电。通过线圈1的电流I_1与气隙磁场相互作用产生转动力矩M_1;通过线圈2的电流I_2也与气隙磁场相互作用产生反作用力矩M_2,M_1与M_2方向相反。由于气隙磁场是不均匀的,所以转动力矩M_1不仅与线圈1的电流I_1成正比,而且还与线圈1所处的位置(用指针偏转角α表示)有关。兆欧表指针的偏转角α只取决于两个线圈电流的比值,而与其他因素无关。所以兆欧表能够克服手摇发电机电压不太稳定而对仪表指针偏转角产生影响的缺点。

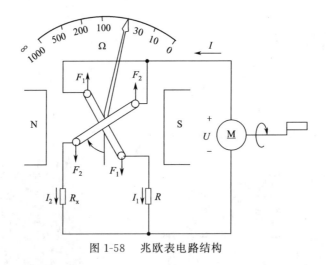

图1-58 兆欧表电路结构

由于I_2的大小一般不变,而随被测绝缘电阻R_x的改变而变化,所以可动部分的偏转角α能直接反映被测绝缘电阻的数值。

三、兆欧表的正确使用

兆欧表上有三个接线柱,两个较大的接线柱上分别标有E(接地)、L(线路),另一个较小的接线柱上标有G(屏蔽)。其中,L接被测设备或线路的导体部分,E接被测设备或线路的外壳或大地,G接被测对象的屏蔽环(如电缆壳芯之间的绝缘层上)或不需测量的部分。兆欧表的常见接线方法如图1-59所示。

① 测量前，要先切断被测设备或线路的电源，并将其导电部分对地进行充分放电。用兆欧表测量过的电气设备，也须进行接地放电，才可再次测量或使用。

② 测量前，要先检查仪表是否完好：将接线柱 L、E 分开，由慢到快摇动手柄约 1min，使兆欧表内发电机转速稳定（约 120r/min），指针应指在"∞"处；再将 L、E 短接，缓慢摇动手柄，指针应指在"0"处。

③ 测量时，兆欧表应水平放置平稳。测量过程中，不可用手去触及被测物的测量部分，以防触电。

兆欧表的操作方法见图 1-60 所示。

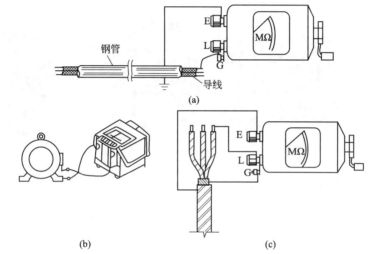

图 1-59　兆欧表的接线方法

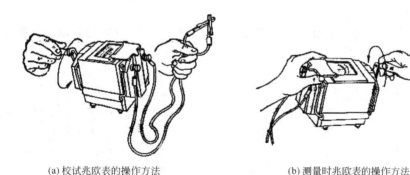

(a) 校试兆欧表的操作方法　　　　(b) 测量时兆欧表的操作方法

图 1-60　兆欧表的操作方法

四、注意事项

① 仪表与被测物间的连接导线应采用绝缘良好的多股铜芯软线，而不能用双股绝缘线或绞线，且连接线间不得绞在一起，以免造成测量数据不准。

② 手摇发电机要保持匀速，不可忽快忽慢而使指针不停地摆动。

③ 测量过程中，若发现指针为零，说明被测物的绝缘层可能击穿短路，此时应停止继续摇动手柄。

④ 测量具有大电容的设备时，读数后不得立即停止摇动手柄，否则已充电的电容将对

兆欧表放电，有可能烧坏仪表。

⑤ 温度、湿度和被测物的有关状况等对绝缘电阻的影响较大，为便于分析比较，记录数据时应反映上述情况。

任务实施

一、工具、仪表及器材

ZC25-3 型兆欧表 20 块、三相异步电动机、数字兆欧表，如图 1-61 所示。

2500~5000V

图 1-61　所需仪表和器材

二、训练步骤及工艺要求

练习一：兆欧表测量电动机三相绕组之间的绝缘电阻

1. 正确选择兆欧表

测量额定电压在 500V 以下的设备或线路的绝缘电阻时，可选用 500V 或 1000V 兆欧表。

2. 正确连接线

兆欧表有三个接线柱：接地 "E"、线路 "L"、保护环 "G"（在测量电缆时要用 G 屏蔽接线端子）。采用单股线分开单独连接。不能用双股绝缘线或绞线。其接线图如图 1-62 所示。

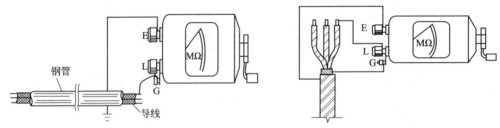

图 1-62　接线图

3. 检查兆欧表是否良好

将兆欧表放在平的硬地上，将 "E" 与 "L" 分开，摇动手柄达到 120r/min 的额定转速，观察指针是否指在标度尺的 "∞" 的位置。再将 "E" 与 "L" 短接，慢慢摇动手柄，观察指针是否指在 "0" 位，若指针指在相应位置，表明兆欧表是良好的。

4. 测量 U 相与 V 相之间的绝缘电阻

如图 1-63 所示，将电动机三相绕组的首与尾之间的连接片拆开，把 "E" 与 "L" 分别接在 U1（或 U2）和 V1（或 V2）上，摇动兆欧表手柄，观察指针在标度尺的位置，若指针指向"0"位，应立即停止摇动，说明电动机 U 相与 V 相之间的绝缘已破坏，需查找原因进行修复。若指针指向"∞"的位置，这说明 U 相与 V 相之间的绝缘良好。

图 1-63　兆欧表测电机绕组之间绝缘电阻的示意图

5. 测量 U 相与 W 相之间及 V 相与 W 相之间的绝缘电阻

改变"E"与"L"的接线位置，同上述方法测量剩余两组绕组之间的绝缘电阻，将测量结果都填入表 1-7 中。

练习二：兆欧表测量电动机三相绕组与外壳之间的绝缘电阻

1. 测量过程与练习一相同

2. 注意接线不同

如图 1-64 所示，接线柱"E"必须接电动机外壳，"L"依次接电动机的三相绕组 U、V、W，分别测量每一相对外壳的绝缘电阻。然后把测量结果填入表 1-7 中。

图 1-64　兆欧表测量电动机 V 相绕组与外壳之间的绝缘电阻

表 1-7　测量结果

项目内容	测量结果		
电机相与相的绝缘电阻	U 相与 V 相	V 相与 W 相	U 相与 W 相
电动机相对壳的绝缘电阻	U 相与外壳	V 相与外壳	U 相与外壳

任务评价

表 1-8 兆欧表使用的自评互评表

班级		姓名		学号		组别			
项　目	考核内容		配分	评分标准				自评	互评
相与相间的绝缘电阻	① 方法步骤正确 ② 测量结果填入表		30分	① 步骤不正确扣 10 分 ② 结果错误每个扣 3 分					
相与壳间的绝缘电阻	① 方法步骤正确 ② 测量结果正确		30分	① 步骤不正确扣 10 分 ② 结果错误每个扣 3 分					
维护保养	1 维护保养正确		20分	1 维护有误每处扣 5 分					
安全文明操作	1 遵守安全操作规程		20分	① 违反规定扣 10 分 ② 有人触电扣 20 分					

知识拓展

兆欧表使用时的注意事项及维护：

① 仪表与被测物间的连接导线应采用绝缘良好的多股铜芯软线，而不能用双股绝缘线或绞线，且连接线间不得绞在一起，以免造成测量数据不准。两根导线之间和导线与地之间应保持适当距离，以免影响测量精度。

② 禁止在雷电时或高压设备附近测绝缘电阻，只能在设备不带电，也没有感应电的情况下测量。

③ 摇测过程中，被测设备上不能有人工作。

④ 手摇发电机要保持匀速，不可忽快忽慢地使指针不停地摆动。

⑤ 测量过程中，若发现指针为零，说明被测物的绝缘层可能击穿短路，此时应停止继续摇动手柄。

⑥ 测量具有大电容的设备时，读数后不得立即停止摇动手柄，否则已充电的电容将对兆欧表放电，有可能烧坏仪表。测量结束时，对于大电容设备要放电。

⑦ 兆欧表未停止转动之前或被测设备未放电之前，严禁用手触及。拆线时，也不要触及引线的金属部分。

⑧ 温度、湿度及被测物的有关状况等对绝缘电阻的影响较大，为便于分析比较，记录数据时应反映上述情况。

⑨ 为了防止被测设备表面泄漏电阻，使用兆欧表时，应将被测设备的中间层（如电缆壳芯之间的内层绝缘物）接于保护环。

⑩ 要定期校验其准确度。

任务四 ▷▷▷
钳形电流表的使用

任务描述

通常用普通电流表测量电流时，需要将电路切断停机后才能将电流表接入进行测量，这是很麻烦的，有时正常运行的电动机不允许这样做。此时，使用钳形电流表就显得方便多了，可以在不切断电路的情况下来测量电流。

任务分析

① 学习钳形电流表的用途和工作原理；
② 熟练掌握钳形电流表的使用方法；
③ 掌握钳形电流表的维护及使用注意事项。

知识准备

一、钳形电流表的用途和工作原理

钳形电流表由电流互感器和电流表组成，按其结构的不同，可分为指针式和数字式。图1-65所示为指针式钳形电流表。

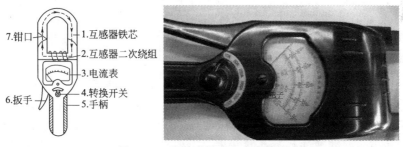

图 1-65　指针式钳形电流表结构

互感器的铁芯制成活动开口，且成钳形，活动部分与手柄相连，当紧握手柄时，电流互感器的铁芯张开，可将被测截流导线置于钳口中，将截流导线变为电流互感器的一次侧线圈。关闭钳口，在电流互感器的铁芯中就有交变磁通通过，互感器的二次绕组中产生感应电流。电流表接于二次绕组两端，它的指针所指示的电流值与钳入的截流导线的工作电流成正比，可以直接从刻度盘上读出被测电流值。工作原理如图1-66所示。

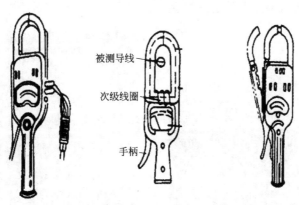

图 1-66　指针式钳形电流表的工作原理

图1-67为数字式钳形电流表，数字钳形表与指针式钳形表相比，其准确度、分辨力和测量速度等方面都有着极大的优越性。结构主要由钳口、电流互感器、钳口扳、功能转换开

关、数字显示屏组成。结构组成如图 1-67 所示。

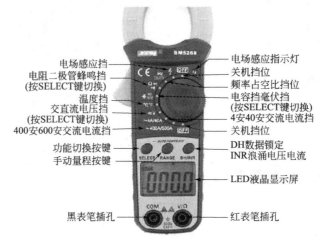

电场感应挡
电阻二极管蜂鸣挡
(按SELECT键切换)
温度挡
交直流电压挡
(按SELECT键切换)
400安600安交流电流挡
功能切换按键
手动量程按键
黑表笔插孔

电场感应指示灯
关机挡位
频率占空比挡位
电容挡毫伏挡
(按SELECT键切换)
4安40安交流电流挡
关机挡位
DH数据锁定
INR浪涌电压电流
LED液晶显示屏
红表笔插孔

图 1-67　数字式钳形电流表

二、钳形电流表的使用方法

① 首先正确选择钳型电流表的电压等级，检查其外观绝缘是否良好，有无破损，指针是否摆动灵活，钳口有无锈蚀等。根据电动机功率估计额定电流，以选择表的量程。钳形表测量前应先估计被测电流的大小，再决定用哪一量程。若无法估计，可先用最大量程挡然后适当换小，以准确读数。不能使用小电流挡去测量大电流。以防损坏仪表。如图 1-68 所示。

② 在使用钳形电流表前应仔细阅读说明书，弄清是交流还是交直流两用钳形表。

③ 由于钳形电流表本身精度较低，在测量小电流时，可采用下述方法：先将被测电路的导线绕几圈，再放进钳形表的钳口内进行测量。此时钳形表所指示的电流值并非被测量的实际值，实际电流应当为钳形表的读数除以导线缠绕的圈数。

④ 钳形表钳口在测量时闭合要紧密，闭合后如有杂音，可打开钳口重复一次，若杂音仍不能消除时，应检查磁路上各接合面是否光洁，有尘污时要擦拭干净。如图 1-69 所示。

图 1-68　量程选择

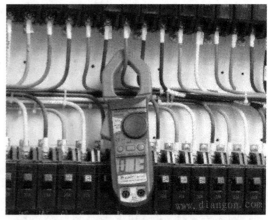

图 1-69　钳形表测量

⑤ 钳形表每次只能测量一相导线的电流，被测导线应置于钳形窗口中央，不可以将多相导线都夹入窗口测量。如图 1-70 所示。

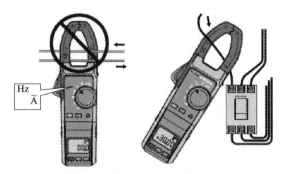

图 1-70　钳形表交直流电流测量

⑥ 被测电路的电压不能超过钳形表上所标明的数值，否则容易造成接地事故，或者引起触电危险。如图 1-71 所示。

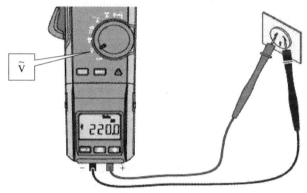

图 1-71　钳形表测量电压

⑦ 测量运行中笼型异步电动机工作电流。根据电流大小，可以检查判断电动机工作情况是否正常，以保证电动机安全运行，延长使用寿命。如图 1-72 所示。

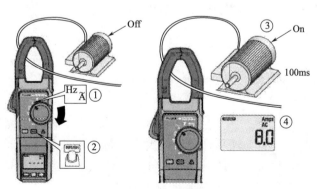

图 1-72　钳形表测量电流

⑧ 测量时，可以每相测一次，也可以三相测一次，此时表上数字应为零，（因三相电流相量和为零），当钳口内有两根相线时，表上显示数值为第三相的电流值，通过测量各相电流可以判断电动机是否有过载现象（所测电流超过额定电流值），电动机内部或电源（把其

他形式的能转换成电能的装置叫做电源）电压是否有问题，即三相电流不平衡是否超过10％的限度。

三、使用钳形电流表的注意事项

① 在高压回路上测量时，禁止用导线从钳形电流表另接表计测量。测量高压电缆各相电流时，电缆头线间距离应在 300mm 以上，且绝缘良好，待认为测量方便时，方能进行。

② 观测表计时，要特别注意保持头部与带电部分的安全距离，人体任何部分与带电体的距离不得小于钳形表的整个长度。

③ 测量低压可熔保险器或水平排列的低压母线电流时，应在测量前将各相可熔保险或母线用绝缘材料加以保护隔离，以免引起相间短路

④ 使用高压钳形电流表时应注意钳形电流表的电压等级，严禁用低压钳形表测量高电压回路的电流。用高压钳形表测量时，应由两人操作，非值班人员测量还应填写第二种工作票，测量时应戴绝缘手套，站在绝缘垫上，不得触及其他设备，以防止短路或接地。

⑤ 钳形电流表测量结束后把开关拨至最大量程挡，以免下次使用时不慎过流，并应保存在干燥的室内。

⑥ 当电缆有一相接地时，严禁测量。防止出现因电缆头的绝缘水平低发生对地击穿爆炸而危及人身安全。

⑦ 钳形表测量时，旁边靠近的导线电流，对其也有影响，所以还要注意三相导线的位置要均等。

⑧ 维修时不要带电操作，以防触电。

任务实施

一、工具、仪表及器材

钳形电流表、电动机、开关及导线若干。

二、训练步骤及工艺要求

练习：钳形电流表测量三相异步电动机的线电流

1. 测量前的准备

① 按照如图 1-73 所示进行接线，将电动机与电源开关 QF 连接好。

② 检查钳形电流表有无损坏，图 1-74 所示为钳形电流表。

2. 选择合适的量程

先估算电流的大小，将量程开关转到合适位置。若无法估计电流的大小，则应先从最大量程开始，逐步换成合适的量程。若量程不对，要将导线退出钳口后再更换量程。

3. 测量并读数

如图 1-75 所示，合上电源开关 QF，手持胶把手柄，用食指钩紧铁芯开关，打开铁芯，将 U 相——色导线置于钳口中央，看指针摆动读出电流值。为了避免增大误差，应将被测线路置于钳口中央。依次测量出 V 相——绿色导线，

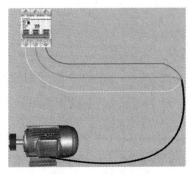

图 1-73   接线图

W 相——红色导线的电流，并填入表 1-9 中。

图 1-74　钳形电流表　　　　　图 1-75　测 U 相电流及测 W 相电流

4. 测量结果

表 1-9　测量结果

项目内容	测量结果		
测电动机的三相电流	U 相电流	V 相电流	W 相电流

注意：测量前，在测量小电流时读数困难误差大，可将导线在铁芯上绕几匝，再将读得的电流数除以匝数，即得实际的电流值。

钳形电流表使用时的注意事项及维护：

① 使用前应检查外观是否良好，绝缘有无破损，手柄是否清洁、干燥。

② 测量时应戴绝缘手套或干净的线手套，并注意保持安全间距。

③ 测量过程中不得切换挡位。

④ 钳形电流表只能用来测量低压系统的电流，被测线路的电压不能超过钳形表所规定的使用电压。

⑤ 每次测量只能钳入一根导线。

⑥ 若不是特别必要，一般不测量裸导线的电流。

⑦ 测量完毕应将量程开关置于最大挡位，以防下次使用时，因疏忽大意而造成仪表的意外损坏。

⑧ 钳形表不允许测高压线路的电流。改变量程时，须将被测导线退出钳口，不能带电旋转量程开关。不能用于测量裸导线电流的大小。

任务评价

表 1-10　钳形电流表使用的自评互评表

班级		姓名		学号		组别		
项　目	考核内容		配分	评分标准			自评	互评
电动机三相绕组的线电流	① 方法步骤正确 ② 测量结果填入表		60 分	① 步骤不正确扣 10 分 ② 结果错误每个扣 3 分				
维护保养	维护保养正确		20 分	维护有误每处扣 5 分				
安全文明操作	带电作业,遵守安全操作规程		20 分	违反规定扣 20 分				

知识拓展一

1. 导线的选择

控制电路中的导线截面应按规定的载流量选择。考虑到机械强度需要，对于低压电控设备的控制导线，通常采用 $1.5mm^2$ 或 $2.5mm^2$ 的导线。低压电控设备控制电路所采用的导线截面不宜小于 $0.75mm^2$ 的单芯铜绝缘线，或不宜小于 $0.5mm^2$ 的多芯铜绝缘线。对于电流很小的线路（电子逻辑电路和信号电路），导线最小截面积不得小于 $0.2mm^2$。

2. 绝缘导线的种类

绝缘导线可分为绝缘硬线（俗称单股线）、绝缘软线（俗称多股线）和绝缘屏蔽电线。按照绝缘层可分为橡胶绝缘和塑料绝缘导线。

3. 导线的颜色意义

颜 色	标 志 意 义	备 注
黑色	装置和设备内部配线	
棕色	直流电路正极	
红色	三相电路的 W 相；三极管的集电极；二极管或晶闸管的阴极	W 相原称 C 相
黄色	三相电路 U 相；三极管的基极；晶闸管的门极	U 相原称 A 相
绿色	三相电路 V 相	V 相原称 B 相
蓝色	直流电路的负极；三极管的发射极；二极管或晶闸管的阳极	
淡蓝色	三相电路的零线或中性线；直流电路的接地中线	
白色	双向晶闸管的主电极；无指定用色的半导体电路	
黄绿双色	安全用接地线	
红黑并行	用双芯导线或双根绞线连接的交流电路	

知识拓展二

安全标志是向工作人员警示工作场所或周围环境的危险状况，指导人们采取合理行为标志的。根据《安全标志及其使用导则》（GB2894—2008），安全标志由图形符号、安全色、几何形状（边框）或文字构成。

安全标志能够提醒工作人员预防危险，从而避免事故发生。当危险发生时，能够指示人们尽快逃离，或者指示人们采取正确、有效和得力的措施，对危害加以遏制。安全标志不仅类型要与所警示的内容相吻合，而且设置位置要正确合理，否则就难以真正充分发挥其警示作用。安全色（safety colour），传递安全信息含义的颜色，包括红、蓝、黄、绿四种颜色。根据 GB2893—2001《安全色》的规定，安全色适用于工矿企业、交通运输、建筑业以及仓库、医院、剧场等公共场所。但不包括灯光、荧光颜色和航空、航海、内河航运所用的颜色。为了使人们对周围存在不安全因素的环境、设备引起注意，需要涂以醒目的安全色，提高人们对不安全因素的警惕。统一使用安全色，能使人们在紧急情况下，借助所熟悉的安全色含义，识别危险部位，尽快采取措施，提高自控能力，有助于防止发生事故。

一、安全标志

安全标志是由安全色，几何图形和图形符号构成。用于表达特定的安全信息。使用安全标志的目的是提醒人们注意不安全的因素，防止事故的发生，起到保障安全的作用。当然，安全标志本身不能消除任何危险，也不能取代预防事故的相应设施。

1. 安全标志类型

安全标志分为禁止标志，警告标志，指令标志和提示标志四大类型。

禁止标志的含义是禁止人们不安全行为的图形标志。其基本形式为带斜杠的圆形框，圆环和斜杠为红色，图形符号为黑色，衬底为白色，如图 1-76 所示。

图 1-76　禁止标志

警告标志的含义是提醒人们对周围环境引起注意，以避免可能发生危险的图形标志，其基本形式是正三角形边框，三角形边框及图形为黑色，衬底为黄色，如图 1-77 所示。

图 1-77　警告标志

指令标志的含义是强制人们必须做出某种动作或采用防范做事的图形标志。其基本形式是圆形边框，图形符号为白色，衬底为蓝色，如图 1-78 所示。

提示标志的含义是向人们提供某种信息的图形标志，其基本形式是正方形边框，图形符号为白色，衬底为绿色，如图 1-79 所示。

图 1-78　指令标志

图 1-79　提示标志

2. 作用

安全标志在安全管理中的作用非常重要，作业场所或者有关设备设施存在较大的危险因素，员工可能不清楚或者常常忽视。如果不采取一定的措施加以提醒，这看似不大的问题，也可能造成严重的后果。因此，在有较大危险因素的生产经营场所或者有关设施设备上设置明显的安全警示标志，以提醒警告员工，使他们能时刻清醒认识所处环境的危险，提高注意力，加强自身安全保护。对于避免事故发生将起到积极的作用。

二、电力工作的安全色

安全色是表示安全信息含义的颜色。采用安全色可以使人的感官适应能力在长期生活中形成和固定下来，以利于生活和工作，目的是使人们通过明快的色彩能够迅速发现和分辨安全标志，提醒人们注意，防止事故发生。

安全色用途广泛，如用于安全标志牌、交通标志牌、防护栏杆及机器上不准乱动的部位等。安全色的应用必须是以表示安全为目的和有规定的颜色范围。

在电力系统中相当重视色彩对安全生产的影响，因色彩标志比文字标志明显，不易出错。在变电站工作现场，安全色更是得到广泛应用。例如：各种控制屏特别是主控制屏，用颜色信号灯区别设备的各种运行状态，值班人员根据不同色彩信号灯可以准确地判断各种不同运行状态。

在实际中，安全色常采用其他颜色（即对比色）做背景色，使其更加醒目，以提高安全色的辨别度。如红色、蓝色和绿色采用白色作对比色，黄色采用黑色作对比色。黄色与黑色的条纹交替，视见度较好，一般用来标示警告危险，红色和白色的间隔常用来表示"禁止跨越"等。

电力工业有关法规规定，变电站母线的涂色为 L1 相涂黄色，L2 相涂绿色，L3 相涂红色。在设备运行状态，绿色信号闪光表示设备在运行的预备状态，红色信号灯表示设备正投入运行状态，提醒工作人员集中精力，注意安全运行等。

《电业安全工作规程》（发电厂和变电所电气部分）明确规定了悬挂标示牌和装设遮栏的不同场合的用途。

① 在一经合闸即可送电到工作地点的开关和刀闸的操作把手上，均应悬挂白底红字的"禁止合闸，有人工作"标示牌。如线路上有人工作，应在线路开关和刀闸操作把手上悬挂"禁止合闸，线路有人工作"的标示牌。

② 在施工地点带电设备的遮栏上，室外工作地点的围栏上，禁止通过的过道上，高压试验地点、室外架构上，工作地点临近带电设备的横梁上悬挂白底红边黑字有红色箭头的"止步，高压危险！"的标示牌。

③ 在室外和室内工作地点或施工设备上悬挂绿底中有直径 210mm 的圆圈，黑字写于白圆圈中的"在此工作"标示牌。

④ 在工作人员上下的铁架、梯子上悬挂绿底中有直径 210mm 白圆圈黑字的"从此上下"标示牌。

⑤ 在工作人员上下的铁架临近可能上下的另外铁架上，运行中变压器的梯子上悬挂白底红边黑字的"禁止攀登，高压危险！"标示牌。

实践证明，安全色在变电生产工作中非常重要，为了您和他人的安全，请牢记这些安全色的含义，并在实际工作中正确应用。

知识拓展三

随着生活水平的不断提高，人们接触的电气设备日益增加，为此必须学习掌握一定的用电知识，以便正确地使用电气设备，避免人身伤害和设备损坏事故的发生。接地和接零都是为了防止人身触电事故和保证电气设备正常运行所采取的措施。

所谓接地就是将电气设备的任何部分与大地作良好的电气接触。与土壤直接接触的金属称为接地体，接地体和电气设备的金属联线称为接地线，接地体和接地线合称为接地装置。所谓接零就是在中线接地的低压系统中，将电气设备的外壳与供电线路的中性线相联接。除了不遵守操作规程或粗心大意误触到裸露的带电设备外，许多触电事故是由于接触了因电气绝缘损坏等原因而使平时不该带电的金属外壳突然带了电而引起的。根据接地和接零所起的作用不同，常有下列几种。

1. 电气设备的保护接地

保护接地就是把电气设备在正常情况下带电的金属外壳及与外壳相联的金属构架用接地装置与大地可靠地联接起来，保护接地一般用于中性点不接地的低压系统中。在图 1-80（a）所示中性点不接地的系统中，当接在这个系统上的设备由于一相绝缘损坏而使外壳带电，而外壳又未接地时，若人体触及机壳，由于线路与大地之间存在分布电容和绝缘电阻，而使电流通过人体，分布电容和绝缘电阻与另两相构成回路，在系统绝缘性能下降时，就有触电的危险。电气设备外壳采用保护接地后，如图 1-80（b）所示，在人体触及外壳时，由于人体电阻（一般 $>1000\Omega$）与接地电阻（一般 $\leqslant 4\Omega$）并联，通过人体的电流很小，不会有危险，从而避免了触电事故的发生。

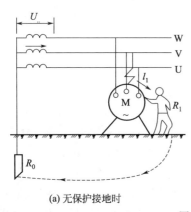

(a) 无保护接地时

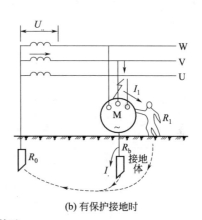

(b) 有保护接地时

图 1-80　保护接地

2. 电气设备的保护接零

保护接零就是将电气设备的金属外壳接至零线（又称中性线）上，适用于中性点接地的三相四线制低压系统，如图 1-81 所示。

采取保护接零措施后，当电气设备由于绝缘损坏而与外壳相接时，就形成了单相短路，将使短路保护装置迅速动作而切断电源，防止了触电事故的发生。

农村用电中一般都采用低压三相四线制（如 380/220V）供电系统，在采用保护接地或保护接零时要注意以下几个问题。

① 对于中性点接地的三相四线制系统，只能采用保护接零，不能采用保护接地。

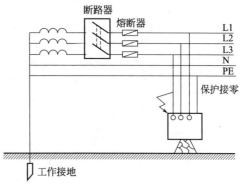

图 1-81　保护接零（1）

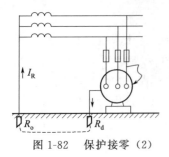

图 1-82　保护接零（2）

在图 1-82 中，当采用保护接地后，电气设备由于绝缘损坏而碰壳时，其短路电流为：

$$I_R = \frac{220}{R_o + R_d} = \frac{220}{4 + 4} = 27.5\text{A}$$

式中 R_o、R_d 分别为系统中点和用电设备的接地电阻。对于 380/220V 的供电系统，设 R_o 和 R_d 均为 4Ω，则

$$I_{sc} = \frac{220}{4 + 4} = 27.5 \text{ A}$$

为了保护装置能可靠地动作，接地短路电流应小于继电保护装置动作电流的 1.5 倍或熔丝额定电流的 3 倍，因此 27.5A 的接地电流只能保证断开动作电流小于 27.5/1.5＝18.3A 的继电保护装置或额定电流小于 27.5/3＝9.2A 的熔丝。若电气设备容量较大，就得不到保护，接地电流将长期存在，外壳也将长期带电，其对地电压为：

$$U_d = \frac{R_d}{R_o + R_d} U_p = \frac{4}{4 + 4} \times 220 = 110\text{V}$$

该电压对人体是不安全的。

② 不允许在同一电流上将一部分用电设备接零，另一部分接地。

当接地的设备发生碰壳而保护装置又不动作时，中线对地之间存在电压，其值为：

$$U_o = \frac{R_d}{R_o + R_d} U_p = \frac{4}{4 + 4} \times 220 = 110\text{V}$$

这时，其他接零的设备外壳对电地电压均为 110V，这是很危险的。

③ 采用保护接零时，接零的导线必须接牢固，以防脱线。在零线上不允许安装熔断器或开关，同时接零的导线阻抗不能太大。

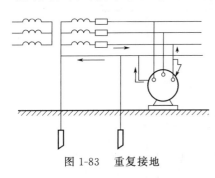

图 1-83　重复接地

④ 采用保护接零时，除系统的中点接地外，还必须在零线上一处或多处进行接地，即重复接地。

重复接地的作用是当电气设备外壳漏电时可以降低零线的对地电压。当零线断线时，也可减轻触电的危险。

在图 1-83 中，若不采取重复接地，则一旦出现中线断线的情况，那么接在断线后面的用电设备出现端线碰壳时，保护装置将不会动作，该设备及后面的所有接零设备外壳都将存在近于相电压的对地电压。

项目二
照明电气线路安装

知识目标

① 了解电气施工图；
② 掌握照明电器元件及导线的选用；
③ 掌握照明元件安装位置示意图及布线示意图；
④ 掌握照明电气线路安装方法及工艺。

技能目标

① 掌握照明配电箱的安装要求；
② 掌握槽板配线、线管配线、桥架配线的安装步骤及方法；
③ 掌握灯具、开关及插座的安装。

项目概述

在工矿企业及生活中都离不开照明，照明灯室内线路的安装技能是维修电工必备的重要技能。通过本项目的学习，可以了解室内线路的基本知识，掌握槽板配线、线管配线、桥架配线的安装方法，掌握照明配电箱、灯具、开关及插座的安装工艺及方法。

任务一 ▷▷▷
利用槽板配线的方法，实现两个开关控制一盏灯

任务描述

某房间中，需要在两面墙上分别安装一个开关，共同控制一盏灯。

任务分析

要完成此任务需要按《电气设备和器件安装位置示意图》在墙面和顶棚安装开关及灯具，然后按《照明平面图》在墙面安装塑料线槽及相关附件，最后进行接线和检测。

知识准备

一、识读电气施工图

1. 电气施工图的组成

电气施工图是电气施工时的主要依据，主要有建筑供配电、动力与照明、防雷与接地、建筑弱电等。电气施工图包括以下几方面的内容。

（1）设备、材料表

工程中用到的各种设备和材料的名称、型号、规格、数量等，它是购置设备、编制材料计划的重要依据。

（2）系统图

如变配电工程的供配电系统图、照明工程的照明系统图、电缆电视系统图等。系统图反映了系统的基本组成、主要电气设备、元件之间的连接情况以及它们的规格、型号、参数等。如图 2-1 所示。

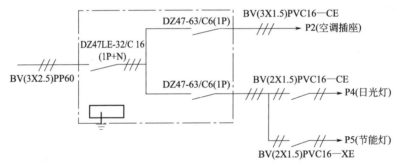

图 2-1　照明系统图

系统图中，线路的标注格式为 $a—b—c×d—e—f$。其中 a：线路编号或用途；b：导线型号；c：导线根数；d：导线截面积（mm²）；e：导线敷设方式或穿管方式；f：导线敷设部位。

表示导线敷设方式和部位的文字符号如表 2-1 所示。

表 2-1　表示线路敷设方式和敷设部位的文字符号

导线敷设方式与部位	文字符号	导线敷设方式与部位	文字符号
用瓷瓶或者瓷柱敷设	K	沿钢索敷设	SR
用塑料线槽敷设	PR	沿屋架及跨屋架敷设	BE
用金属线槽敷设	SR	沿墙面敷设	WE
穿水煤气管敷设	RC	沿顶棚面或顶板面敷设	CE
穿焊接钢管敷设	SC	暗敷设在梁内	BC
穿电线管敷设	TC	暗敷设在柱内	CLC
用电缆桥架敷设	CT	暗敷设在墙内	WC
用瓷瓶敷设	PL	暗敷设在地面内	FC
用塑料夹敷设	PCL	暗敷设在顶板内	CC

例：BV（2×1.5）PVC15—WC 表示为 2 根（1 根相线、1 根零线）截面积为 1.5mm² 的塑料绝缘铜芯硬导线，穿直径 15mm 的 PVC 管（阻燃塑料管），暗敷在墙内。

（3）平面布置图

平面布置图是电气施工图中的重要图纸之一，例如：照明平面图用来表示灯具、开关等的编号、名称、型号及安装位置、敷设方式及所用导线型号、规格、根数等。如图 2-2 所示。

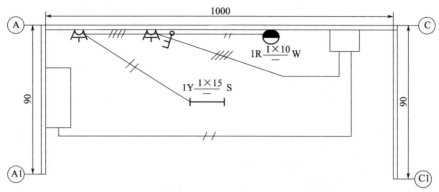

图 2-2　照明平面图

灯具的图形符号旁用文字符号标注灯具数量、型号及灯具中的光源数量和容量、悬挂高度和安装方式，标注形式为：$a-b\dfrac{c \times d}{e}f$，其中 a：同类灯具的个数；b：灯具种类；c：灯具内安装灯的数量；d：每个灯的功率（W）；e：灯的安装高度（m）；f：安装方式。

表示灯具类型和安装方式的文字符号如表 2-2 和表 2-3 所示。电气图例如表 2-4 所示。

表 2-2　灯具类型的文字符号

灯具类型	文字符号	灯具类型	文字符号	灯具类型	文字符号
壁灯	B	卤钨探照灯	L	花灯	H
吸顶灯	D	普通吊灯	P	水晶底罩等	J
防水防尘灯	F	搪瓷伞罩灯	S	荧光灯灯具	Y
工厂一般灯具	G	投光灯	T	柱灯	Z
防爆灯	G 或专用符号	无磨砂玻璃罩万能型灯	W		

表 2-3　灯具安装方式的文字符号

灯具安装方式	文字符号	灯具安装方式	文字符号
线吊式	CP	吸顶式	S
固定线吊式	CP1	嵌顶式	R
防水线吊式	CP2	墙壁内安装式	WR
吊线器式	CP3	台上安装式	T
链吊式	Ch	支架安装式	SP
管吊式	P	柱上安装式	CL
壁装式	W	座装式	HM

表 2-4　电气图例

序号	图例	名　称	序号	图例	名　称
1	▬	照明配电箱	6		单相二极、三极组合插座
2	////	三根线	7		单管荧光灯
3		单相三极带开关插座	8		双管控照组合灯具 T8
4		双极电门开关			
5	n	n 根导线	9		空气断路器

例：$3-P\dfrac{4\times45}{1.8}Ch$ 表示为 3 个链吊式（Ch）吊灯（P），每个吊灯内装 4 个功率 45W 的灯泡，安装高度离地 1.8m。

（4）控制原理图

系统中所用电气设备的电气控制原理图，用以指导电气设备的安装和控制系统的调试运行工作。如图 2-3 为控制一盏灯、一个插座的控制原理图。

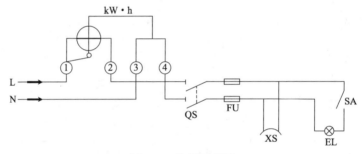

图 2-3　控制原理图

（5）安装接线图

电气设备的安装接线图是安装接线的直接依据，应与控制原理图相对应，进行系统的布线调试和排故。照明安装接线图如图 2-4 所示。

2. 电气施工图的阅读方法

① 熟悉图例、符号，弄清图例、符号所代表的意义。

② 通过设备材料表了解工程中所使用的设备、材料的型号、规格和数量。

③ 通过系统图了解主要电气设备、元件之间的连接关系以及系统基本组成，了解它们的规格、型号、参数等。

④ 通过平面布置图了解电气设备的规格、型号、数量及线路的起始点、敷设部位、敷设方式和导线根数等。

⑤ 通过控制原理图了解系统中电气设备的控制原理，便于设备的安装调试及排故。

⑥ 通过安装接线图了解电气设备的布置与接线情况。

二、常用照明元件及材料

1. 常用灯具

① 按照发光原理的不同，可分为白炽灯、荧光灯、LED 灯等。

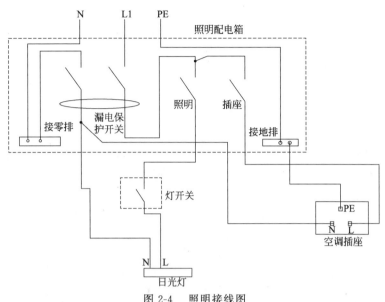

图 2-4 照明接线图

白炽灯泡的特点是结构简单、价格低廉，但寿命短、光效低。荧光灯的特点是光效高、寿命长、光色好。用直管型荧光灯取代白炽灯，节电 70%～90%，寿命长 5～10 倍；LED 灯是近年来全球最具发展前景的高新技术之一，其主要类型有射灯、球泡灯、蜡烛灯几种。具有节能、环保、寿命长、光效高等特点。

② 按安装方式不同，可分为吸顶灯、壁灯和吊灯等。

吸顶灯主要由灯管、电子镇流器和灯罩组成，原理同带电子镇流器的日光灯差不多。壁灯是安装在墙壁上的，一般用于辅助照明或装饰照明用。吊灯是安装在房顶上的，安装时一定要保证安装高度。

2. 照明开关

照明开关是人们接触最频繁的用电器具，安装时要求要了解照明开关的类型与规格、安装位置与方法及安全要求。

① 普通灯开关：单联和双联灯开关，单联灯开关最常用，有一位到五位灯开关之分（位表示有单独的灯开关）。双联开关主要用在一个灯需要两地或多地控制的电路中，如楼梯间、洗手间等，两地或多地都可以开灯或关灯。图 2-5 是普通的单联和双联灯开关。

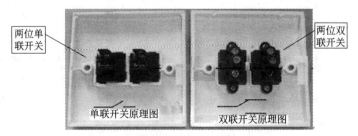

图 2-5 普通的单联和双联灯开关

② 声光控开关：当光线较暗时，只需发出声音，电灯即点亮，经过 55～75s 后自动熄灭，具有节能、寿命长、无触点、安全可靠等特点，适合楼道、地下室等场所。

3. 常用插座

插座的作用是为移动式照明电器、家用电器和其他用电设备提供电源。

（1）插座的分类

根据功率的大小可分为小功率插座和大功率插座两种，小功率插座是常见的电器元件之一，一般安装高度为 1.3～1.5m，距离地面高度最小不应小于 0.3m。大功率插座主要用在如空调、热水管、电磁炉等大功率设备中。大功率插座常选择带有功能开关的，安装高度一般为 1.8m。

根据安装方式的不同可分为明装和暗装两种；按其结构可分为单相双孔、单相三孔和三相四孔插座等，并且孔又有扁孔和圆孔之分。其分解图如图 2-6 所示。

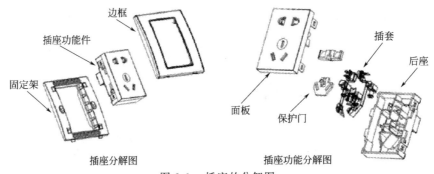

图 2-6　插座的分解图

（2）插座的接线及安装高度

火线与零线不能接反。插座在墙上安装好后，左边应为零线，右边应为火线，上面应为 PE 线，即"左零右火上 PE"。插座的选用及安装高度根据具体情况来选择，有触电危险的家用电器插座，采用带开关的插座，潮湿场所采用密封型插座，安装高度不低于 1.5m；热水器、柜式空调应选用三孔 15A 插座；厨房、卫生间应选用防溅水的插座；当不采用安全型插座时，托儿所、幼儿园及小学等儿童活动场所安装高度不小于 1.8m。

4. 绝缘导线

照明线路所用绝缘线的芯线由铜或铝制成，可采用单股或多股。按绝缘层分，绝缘导线一般分为塑料绝缘线和橡皮绝缘线两种。

塑料铜线按芯线根数可分为塑料硬线（B 系列）和塑料软线（R 系列）。塑料硬线有单芯和多芯之分，单芯规格一般为 1～6mm²，多芯规格一般为 10～185mm²。塑料软线为多芯线，其规格一般为 0.1～95mm²，这类电线柔软，可多次弯曲，外径小而质量轻，它在家用电器和照明中应用极为广泛，在各种交直流的移动式电器、电工仪表及自动装置中也适用。塑料铜线的绝缘电压一般为 500V。塑料铝线全为硬线，亦有单芯和多芯之分，其规格一般为 1.5～185mm²，绝缘电压为 500V。

常用的绝缘导线符号有：BV——铜芯塑料硬线，RBV——铜芯塑料软线，BLV——铝芯塑料线，BX——铜芯橡皮线，BLX——铝芯橡皮线。绝缘导线常用截面积有：0.5mm²、1mm²、1.5mm²、2.5mm²、4mm²、6mm²、10mm²、16mm²、25mm²、35mm²、50mm²、70mm²、95mm²、120mm²、150mm²、185mm²、240mm²、300mm²、400mm²。

当配线采用多相导线时，各相线的颜色要有区别，相线与零线的颜色应不同；同一建筑物、构筑物内的导线，其颜色应统一；保护地线（PE 线）应采用黄绿颜色相间的绝缘导线；零线（N线）宜采用淡蓝色绝缘导线。

插座用线一般用 2.5mm² 的 BV 铜芯线，普通的插座若为几个插座则用 2.5mm²BV 铜芯线并联起来使用，相线、零线和接地线分别并联；大功率的插座，比如空调、热水器等需单独引线，最少用 2.5mm²BV 铜芯线，相线、零线和接地线都要单独从照明配电箱里引。

室内照明线单股铜芯线，截面不宜过大，通常应在 1.0~4.0mm² 范围内，最大不应超过 6mm²。

5. 塑料线槽

塑料线槽即聚氯乙烯线槽（PVC 线槽），采用 PVC 塑料制造，具有绝缘、防弧、阻燃自熄等特点，主要用于电气设备布线，在 1200V 及以下的电气设备中对敷设其中的导线起机械防护和电气保护作用。使用该产品后，配线方便，布线整齐，安装可靠，便于查找、维修和调换线路。

PVC 线槽的品种规格很多，从线槽的厚度上分 A 型（加厚型线槽）和 B 型（普通型线槽）。从规格上分，有 20mm×10mm，25mm×15mm，35mm×15mm，40mm×20mm，50mm×30mm，60mm×30mm，60mm×40mm，100mm×50mm 等，如图 2-7 所示。

图 2-7 各种规格塑料线槽

选择塑料线槽时，如果施工图纸有明确标示，则按施工图纸要求选择；如果没有要求则按照线槽允许容纳导线根数确定线槽的规格和型号，参见表 2-5。

表 2-5 VXC2 线槽最大允许容纳导线根数

最大有效容线比	A×33%			
导线规格（mm²）	500VBV、BLV 型绝缘导线			
	1.0	1.5	2.5	4.0
线槽型号	容纳导线根数			
VXC2-25	9	5	4	3
VXC2-30	19	10	9	7
VXC2-40		14	12	9
VXC2-50			15	11

6. 接线盒

接线盒用于安装插座、开关等电器。有防水、防火、防触电和防小动物等作用。接线盒有明装和暗装两种，明装又分线管专用和线槽专用。

① 明装式：主要用于需经常改动或装修的地方，直接装在墙体的表面，通过线管或线槽把导线封起来，简单、安全、方便改动。外形如图 2-8 所示。

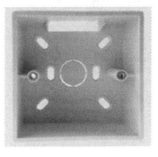

图 2-8　明装底盒

② 暗装式：在装修房子的时候提前按图埋好，整体装修得差不多才把电气设备装上去，完工后墙面非常整洁漂亮，看不到任何线管线槽，美观、安全、不占空间。其外形如图 2-9 所示。

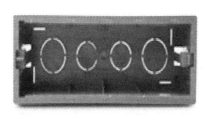

图 2-9　暗装底盒

常用的接线盒型号有很多种，如：118 型，长×宽×高的尺寸为 86mm×118mm×30mm；118 型加深型，长×宽×高的尺寸为 86mm×118mm×40mm；86 型，长×宽×高的尺寸为 86mm×86mm×30mm；86 加深型：长×宽×高的尺寸为 86mm×86mm×40mm。

86 型为常用型号，加深型主要是为了方便用手电钻和开孔器开出实际需要的线管孔或用钢锯开出相应尺寸的线槽孔。如图 2-10 所示。

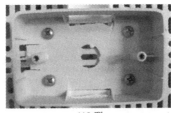

118 型　　　　　　　　　　86 型
图 2-10　118 型和 86 型底盒

任务实施

一、认真熟悉操作规程并悬挂安全标志牌

① 应有安全、文明的作业组织措施，工作人员、监护人员合理分工。

② 应采用必要的安全技术措施，进行断电操作，切断线路电源并验电。

③ 在停电的电气线路、设备上工作时，应挂警示类或禁止类标识牌；严禁约时停送电，并装接地线等以防意外事故的发生。

④ 在断开的开关或拉闸断电锁好的开关箱上悬挂"禁止合闸，有人工作！"的标识牌，防止误合闸造成事故发生。

二、材料工具

1. 施工材料（见表 2-6）

表 2-6　施工材料表

序号	材料名称	规格	数量	备注
1	双联开关		2个	
2	日光灯		1盏	
3	线槽	60×40	2m	
4	线槽	20×10	5m	
5	导线	BV1.5	10m	红色
6	导线	BV1.5	10m	蓝色
7	接地线		1条	
8	塑料胀塞及自攻螺丝		若干	

2. 使用工具及仪表

常用电工工具一套、卷尺一把、手锯一把、万用表一块、摇表一块。

三、根据图 2-11 所示照明布置图进行槽板的安装

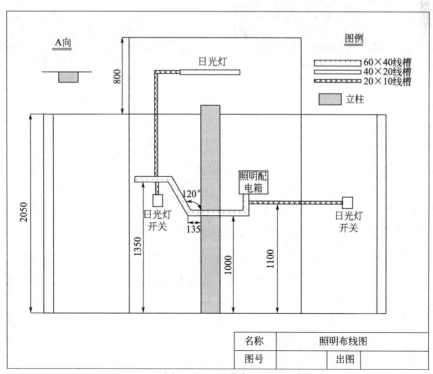

图 2-11　照明布置图

1. 画线定位

按设计图确定进户线、盒、箱等电气器具固定点的位置，从始端至终端找好水平或垂直线，进行画线。然后在固定点位置进行钻孔，埋入塑料胀管或伞形螺栓。画线时不应弄脏建筑物表面。

2. 线槽的切割

塑料线槽可以使用钢锯条和专用电动切割机进行切割，钢锯条切割的方法如图 2-12 所示。

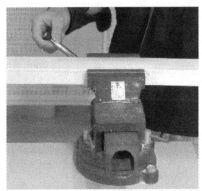

(a) 用台虎钳固定线槽

(b) 在线槽上画出切断角度

(c) 用钢锯沿画线切断线槽

(d) 用锉刀修整切断口

图 2-12　塑料线槽的切断

切割时注意以下几点。

① 使用台虎钳固定线槽时，要注意夹持的松紧度。夹持太松，线槽松动无法操作；夹持太紧，线槽容易变形，甚至造成线槽的一定程度的损坏。

② 钢锯条宜使用粗齿，切割时速度较快，容易把握切割方向。

③ 线槽拼接缝的要求较高（要求拼缝小于 1mm），锉刀修整切断口（去毛刺）时，结合线槽敷设拼接，这是塑料线槽安装时难度最大的部分。

3. 线槽固定

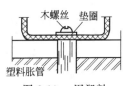

图 2-13　用塑料胀塞固定线槽

混凝土墙、砖墙可采用塑料胀管固定塑料线槽，如图 2-13 所示。根据胀管直径和长度选择钻头，在标出的固定点位置上钻孔，不应歪斜、豁口，垂直钻好孔后，将孔内残存的杂物清净，用木锤把塑料胀塞垂直敲入孔中，并与建筑物表面平齐为准。用半圆头木螺丝加垫圈将线槽底板固定在塑料胀管塞上，紧贴建筑物表面。应先固定两端，再固定中间，同时找正线槽底板，要横平竖直，并沿建筑物形状表面进行敷设。

4. 线槽连接安装

线槽及附件连接处应严密平整、无缝隙。线槽分支接头，线槽附件如直通、三通转角、接头及插口应采用相同材质的定型产品，附件如图 2-14 所示。

也可以不用附件，直接用锯切割后进行安装（本任务采用锯切割后进行安装）。分为直通安装、内角安装、外角安装、T 型槽安装等。实际敷设时，需根据图纸要求及施工现场环境等，灵活应用。

图 2-14　线槽附件

（1）直通安装方式

塑料线槽槽盖应按每段线槽槽底的长度按需要切断，在切断时槽盖的长度要比槽底的长度短一些（L 约为线槽宽度的一半）。以保证安装槽盖时能与槽底错位搭接。如图 2-15 所示。

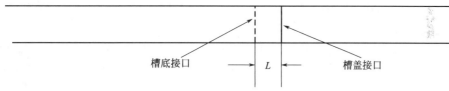

槽底接口　　　L　　　槽盖接口

图 2-15　塑料线槽直通安装方式

（2）平面直角转弯方式

遇到平面安装时线槽的直角转弯，需在两段线槽各自的拼接端，先锯出 45°角，然后进行拼接。如图 2-16 所示。

（3）内角安装方式

内角安装方式是线槽敷设遇到墙角时常碰到的安装方式，有 45°拼接和直角迭合拼接两种方式。直角迭合拼接方式，拼接安装比较简单，但是拼接效果不如 45°拼接方式美观，一般推荐使用 45°拼接方式。如图 2-17 所示。

（4）外角安装方式

当线槽敷设遇到柱和梁，或者墙面外角转弯时，还会碰到线槽的外角安装方式。它可分为 45°拼接方式和直线拼合方式，一般推荐使用 45°拼接方式。如图 2-18 所示。

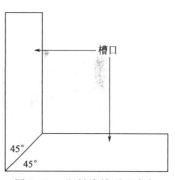

槽口

45°
45°

图 2-16　塑料线槽平面直角转弯方式

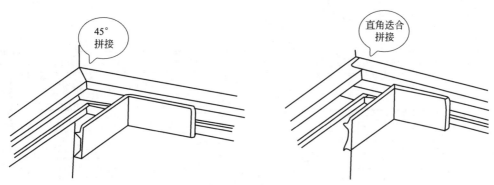

45°
拼接

直角迭合
拼接

图 2-17　塑料线槽的内角安装方式

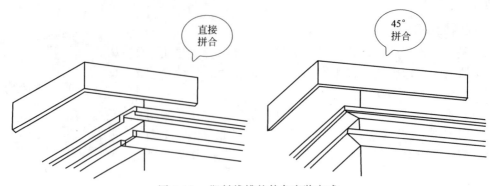

图 2-18　塑料线槽的外角安装方式

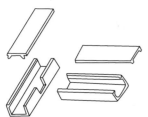

图 2-19　T 型槽安装方式

（5）T 型槽安装方式

遇到 T 型槽连接时，需要在线槽上开口，然后再进行连接。如图 2-19 所示。

（6）异径 T 型槽安装方式

遇到不同尺寸的两个线槽之间的垂直相连时，尺寸较大线槽需要先开一个矩形孔，然后将小尺寸的线槽放入矩形孔中，进行连接。如图 2-20 所示。

(a) 大线槽上开矩形孔　　　　　　　(b) 小线槽盖板处理

图 2-20　异径 T 型槽安装方式

5. 塑料线槽固定间距

塑料线槽槽底的固定点间距应根据线槽规格而定，一般不大于表 2-7 所列数值。固定线槽前，应从始端到终端找好水平或垂直线，用粉袋沿墙壁等处弹出线路的中心线，并根据线槽固定点的挡距要求，标出线槽的固定点。

表 2-7　线槽固定

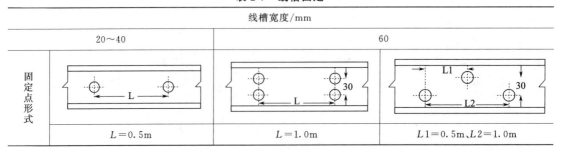

	线槽宽度/mm	
	20～40	60
固定点形式		
	$L = 0.5\mathrm{m}$	$L = 1.0\mathrm{m}$	$L1 = 0.5\mathrm{m}$、$L2 = 1.0\mathrm{m}$

若在线槽中间固定，固定点应在线槽中心线上；若在线槽两侧固定，固定点应在两侧保持两条直线。

固定线槽时，应先固定两端再固定中间，端部固定点距槽底终点不应小于 50mm。

固定好后的槽底应紧贴墙壁表面，布置合理，横平竖直，线槽的水平度与垂直度允许误差不应大于 5mm。

塑料线槽敷设的质量要求。

① 槽板应紧贴建筑物、构建物的表面敷设，且平直整齐；多条槽板并列敷设时，应无明显缝隙。每节线槽的固定点不应少于两个；在转角、分支处和端部应有固定点，并紧贴墙面固定。

② 电线、电缆在塑料槽内不得有接头，导线的分支接头应在接线盒内进行；盖板不应挤伤导线的绝缘层。

③ 槽板与各种器具的底座连接时，导线应留有余量，底座应压住槽板端部。

④ 线槽内电线或电缆的总截面（包括外护层）不应超过线槽内截面的 20%，载流导线不宜超过 30 根（控制、信号等线路可视为非载流导线）。

⑤ 线槽在线路的分支处应采用相应的线槽分线箱。线槽槽盖与各种附件相对接时，接缝处应严密平整、无缝隙。槽盖及附件应无扭曲和变形。线槽接口应平直、严密，槽盖应齐全、平整、无翘角。

⑥ 线槽敷设完毕，线槽表面应清洁无污染，在安装线槽的过程中应注意保持墙面清洁。

四、按照照明位置图（如图 2-21 所示）进行灯具的安装及布线

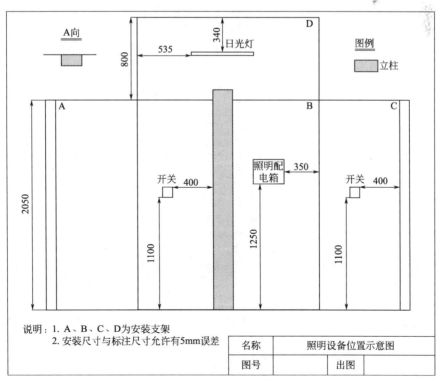

图 2-21　照明位置图

① 按图完成照明器具安装位置的标定，完成灯具、开关的底座安装。

② 按线路要求放线，完成导线的敷设。

③ 完成灯具、开关等器具的接线。

五、根据如图 2-22 所示的原理图进行检查

① 用万用表检查线路，确保正确无误。

② 盖回线槽盖，把灯开关固定。

③ 通电检查。

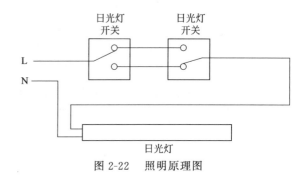

图 2-22　照明原理图

任务评价

表 2-8　任务评价

项目	序号	内容	配分	评分标准	得分
线管敷设工艺	1	线槽走向与布局	10 分	① 不按图纸的位置布局，每处扣 2 分 ② 线槽安装位置与图纸尺寸相差±5mm 及以上者，每处扣 2 分 ③ 线槽不牢固、松动，每处扣 2 分	
	2	线槽固定	10 分	① 线槽没有并行固定或固定螺钉不在一条直线上或明显松动，每处扣 2 分 ② 固定螺丝间距不符合规范，每处扣 2 分	
	3	线槽工艺	20 分	① 槽板端头未处于开关盒和日光灯的中间位置，每处扣 2 分 ② 未贴柱面或接缝超过 1mm，每处扣 2 分 ③ 弯角角度不正确每处扣 5 分 ④ 未盖槽板，每段扣 3 分，盖板未盖到位，或盖板接缝超过 1mm，每处扣 3 分 ⑤ 用错线槽每处扣 3 分	
	4	灯具和开关的安装	10 分	① 不按图纸的位置安装，1 个扣 3 分 ② 安装位置尺寸与图纸要求相差±5mm 或以上者，或倾斜者，每处扣 3 分	
	5	灯具和开关的接线	10 分	① 相线、零线、接地线不按图纸线径要求配线和分色，每处扣 3 分 ② 接线端处露铜超过 3mm，每处扣 1 分 ③ 接线未留 150～200mm 余量，每处扣 1 分 ④ 导线端子没拧成一股绳或压接不牢，每处扣 1 分	
	6	通电测试	30 分	① 通电后灯不发光，扣 10 分 ② 通电后开关不起控制作用，或不符合图纸控制要求，每处扣 10 分	
安全意识	7	安全操作规程	5 分	符合要求得 5 分，基本符合要求得 3 分，一般得 1 分（有严重违规可以一项否决，如不听劝阻，可终止操作）	
	8	工具、耗材摆放、废料处理	5 分	根据情况符合要求得 3 分，有两处错扣 1 分，两处以上错扣 3 分	

故障排除练习：如果只有一个开关可以控制日光灯的点亮与熄灭，另一个开关不起作用，故障原因是什么？如何用万用表找到故障点。

任务二

某客厅照明线路的安装

任务描述

某客厅需要一盏日光灯正常照明，补充照明采用一盏节能灯；客厅需要装一个空调插座及一个普通插座；照明电源开关及空调电源开关装在照明配电箱中，配电箱也装在客厅中。所有导线均采用明线敷设。照明布线示意图如图 2-23 所示。

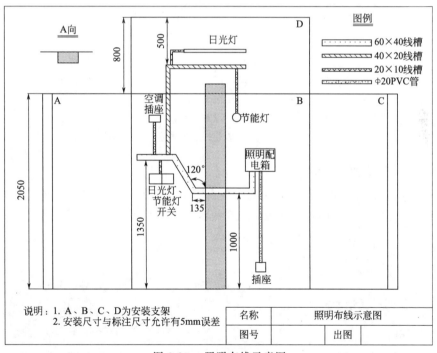

图 2-23　照明布线示意图

任务分析

本任务内容涉及线槽配线、PVC 线管配线、日光灯的安装、节能灯的安装、插座的安装、照明配电箱的安装等内容。线槽配线及日光灯的安装在上一个任务中已完成，本任务重点讲解 PVC 线管配线、节能灯的安装、插座的安装、照明配电箱的安装等内容。

一、PVC 线管

PVC 穿线管具有优异的电气绝缘性能，具有高阻燃性，适用于电线、电缆的保护套管。PVC 穿线管，相对其他护套管具有价格低廉，安装方便等优点，因此在建筑方面深受欢迎。PVC 管一般用于墙内的暗装敷设，有时也可用于墙外的明装敷设。各种型号的 PVC 线管、附件及关卡如图 2-24 所示。

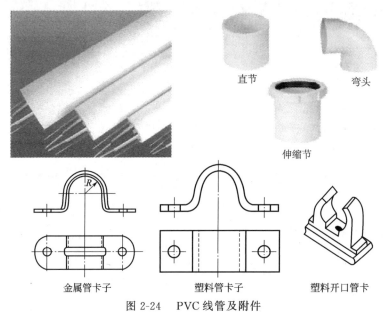

金属管卡子　　　　塑料管卡子　　　　塑料开口管卡

图 2-24　PVC 线管及附件

1. PVC 线管的切割

PVC 管可以使用钢锯进行切断，也可以使用 PVC 管剪刀进行切断。使用 PVC 管剪刀切断的断面平整，使用方便快捷，如图 2-25 所示。

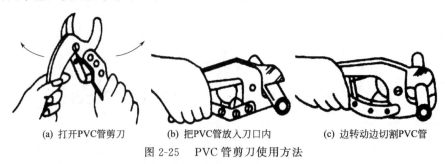

(a) 打开PVC管剪刀　　　(b) 把PVC管放入刀口内　　　(c) 边转动边切割PVC管

图 2-25　PVC 管剪刀使用方法

PVC 管放入刀口后，应慢慢转动管子进行切割，当刀子切入管壁后，应停止转动管子，并继续切割，直至管子被切断为止。

2. PVC 管的弯曲

PVC 管的弯管方法分冷弯法和热弯法，热弯法主要对管径比较大（32mm 以上）的 PVC 管。这里主要介绍用弹簧式弯管器及用弯管器冷弯的方法，如图 2-26 所示。

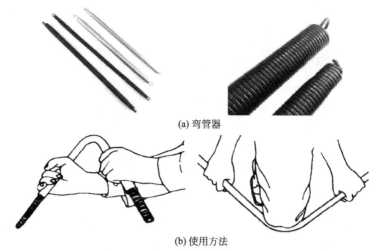

(a) 弯管器

(b) 使用方法

图 2-26　弯管器及其使用方法

弯管时，将与管子内径相应的弹簧弯管器插入管子需弯曲处，两手握住管子弯曲处两端有弯簧插入的部位，用手逐渐用力弯出需要的弯曲半径。若手力不够时，可将弯曲部位顶在膝盖或硬物上再用手扳。弯曲时要逐渐用力，逐渐弯曲，用力与受力点要均匀，一般情况下弯出的角度应比所需弯曲的角度略小，待弯管回弹后，即可达到要求，然后将弹簧弯管器从塑料管内抽出。

若在低温下施工，进行冷弯容易使管子破裂，因此需要加热后再弯管。可以用布将管子需要弯曲处摩擦生热后再进行管子的弯曲加工。

3. PVC 管的连接

（1）管与管连接

PVC 管的连接也可以用专门的成品套管来套接，连接管两端需涂上套管专用的胶合剂来粘接。如图 2-27 所示。

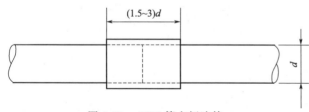

图 2-27　PVC 管之间连接

（2）管与盒的连接

一般采用成品管盒连接件连接，连接前，选用与管子和盒子敲落孔规格对应的管子连接件。将管子接管盒连接件，从盒子的敲落孔插入，插入深度宜为管外径的 $1.1\sim1.8$ 倍，连接边应涂专用的胶合剂。如图 2-28 所示。

二、配电箱

1. 配电箱介绍

配电箱是连接电源和用电设备的电气装置。配电箱内

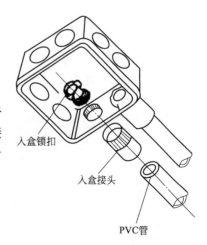

入盒锁扣

入盒接头

PVC管

图 2-28　管与盒连接示意图

可装设总开关、分开关、计量仪器（如电度表）、短路保护元件（如熔断器）和漏电保护装置等。

配电箱通常由盘面和箱体两大部分组成，盘面的制作要整齐、美观、安全及便于检修。制作非标准配电箱时，应先确定盘面的尺寸，再根据盘面的尺寸决定箱体的尺寸。

配电箱分为电源配电箱和照明配电箱两种。根据安装要求可分为明装（悬挂式）和暗装（嵌入式），或半明半暗装式。其箱体材质一般为铁制，也有塑料或木制。

2. 电源配电箱

电源配电箱一般用钢板弯制焊接而成，内置刀开关、熔断器、自动开关等元件，用于频率50Hz、电压500V以下的三相三线制交流电或三相四线制交流电的电力系统，对所控制线路有过载和短路保护，主要作工厂企业的电力、照明配电使用。

配电箱电源的接入原则为"上进下出"。配电盘的上部是电源进线，配电盘的下部是电源出线。配电盘的上部一般布置隔离开关、仪表、熔断器。配电盘中间部分一般布置总负荷开关或者断路器（也有分别控制的，如两个分路、三个分路等）。配电盘的下部一般布置各支路断路器。配电盘以二级控制居多。断路器等控制方式根据实际需求选择，如图2-29所示。

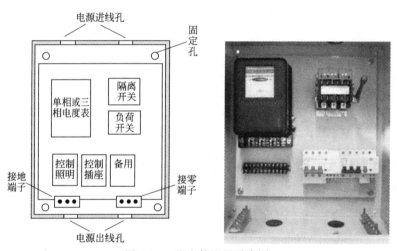

图 2-29　配电箱配置示意图

电源配电箱的系统图，主要由电度表、电源指示灯、隔离开关、断路器等组成，如图2-30所示。配线工艺：配电板上布线横平竖直、无交叉、归边走线、长线沉底、走线成束。

3. 照明配电箱

（1）照明配电箱安装应符合的规定

① 照明配电箱内配线整齐，无铰接现象。导线连接紧密，不伤芯线，不断股。垫圈下螺丝两侧压的导线截面积相同，同一端子上导线连接不多于两根，防松垫圈等零件齐全。

② 照明配电箱内开关动作灵活可靠，带有漏电保护的回路，漏电保护装置动作电流不大于30mA，动作时间不大于0.1s。

③ 照明配电箱内，分别设置零线（N）和保护地线（PE线）汇流排，零线和保护地线经汇流排配出。

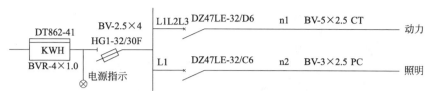

(a) 电源配电箱系统图

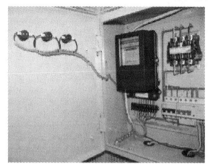

(b) 接线效果图

(c) 工艺放大图

图 2-30 配电箱的系统图及接线效果图

（2）照明配电箱的外形图、系统图及接线效果图

如图 2-31 所示，为照明配电箱的外形图、系统图及接线效果图。

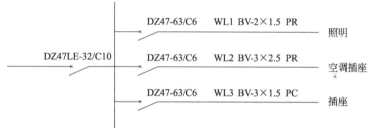

(a) 照明系统图

(b) 照明配电箱外形

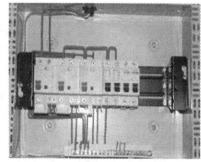

(c) 照明配电箱内接线图

图 2-31 外形图、系统图及接线效果图

三、节能灯与白炽灯

1. 节能灯

主要是由灯头部分、灯管部分组成，在它们之间是电子镇流器。节能灯因灯管外形不同，分为 U 型管、螺旋管和直管型管三种。螺旋管式节能灯如图 2-32 所示。

灯管部分

灯头部分

图 2-32　螺旋管式节能灯

① U 型管节能灯：管形有：2U、3U、4U、5U、6U、8U 等多种，功率从 3～240W 等多种规格。

② 螺旋管节能灯：螺旋环直径，分小环径和大环径两种。小环径一般在 50mm 左右，大环径一般在 100mm 左右。功率从 3～240W 等多种规格。

③ 直管型节能灯：T4、T5 直管型节能灯。功率分为 14W、28W。

2. 白炽灯

（1）白炽灯的组成

白炽灯由灯丝、玻璃壳、玻璃支架、引线、灯头等组成，如图 2-33 所示。灯丝一般用钨丝制成，当电流通过灯丝时，由于电流的热效应，使灯丝温度上升至白炽程度而发光。40W 以下的灯泡，制作时将玻璃壳内抽成真空；40W 及以上的灯泡则在玻璃壳内充有氩气或氮气等惰性气体，使钨丝在高温时不易挥发。

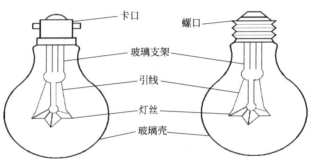

卡口　　螺口

玻璃支架

引线

灯丝

玻璃壳

图 2-33　白炽灯外形

（2）白炽灯的种类

按其灯头结构可分为卡口式和螺口式两种。

按其额定电压分为 6V、12V、24V、36V、110V 和 220V 等 6 种。6～36V 的安全照明灯泡，作局部照明用，如手提灯、车床照明灯等；220V 的普通白炽灯泡一般作照明用。

按其用途可分为普通照明用白炽灯、投光型白炽灯、低压安全灯、红外线灯及各类信号指示灯等。

各种不同额定电压的灯泡，其外形很相似，所以在安装使用灯泡时应注意灯泡的额定电压必须与线路电压一致。

（3）灯座

灯座是供白炽灯泡和节能灯灯管与电源连接的一种电气装置。

灯座的种类也很多，按与灯泡的连接方式，分为螺口式和卡口式两种，这是灯座的首要特征分类。

按安装方式分，有悬吊式、平装式。

按材料分，有胶木、瓷质和金属灯座。

常用灯座如图 2-34 所示。

| (a) 卡口吊灯座 | (b) 卡口平灯座 | (c) 螺口吊灯座 | (d) 螺口平灯座 |

图 2-34　常用灯座

四、桥架

桥架是一个支撑和放置电缆的支架，桥架在工程上应用很普遍，只要敷设电缆几乎都要用桥架。电缆桥架主要有阻燃型桥架、不锈钢桥架、铝合金桥架及玻璃钢桥架。钢制桥架表面处理为喷漆、喷塑、电镀锌、热镀锌、粉末静电喷涂等工艺。

1. 桥架的分类

桥架分为梯式、槽式、托盘式等结构，如图 2-35 所示。由托臂、支架、横梁等附件组成。选型时应注意桥架的所有零部件是否符合系列化、通用化及标准化的成套要求。建筑物内桥架可以独立架设，也可以敷设在各种建筑物和管廊支架上，应体现造型简单、结构美观、配置灵活和维修方便的特点。安装在室外或者是临近海边或湿气重等区域桥架必须有防腐、耐潮气、附着力好及抗冲击力好的特点。

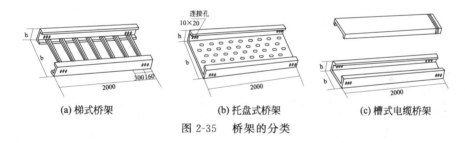

| (a) 梯式桥架 | (b) 托盘式桥架 | (c) 槽式电缆桥架 |

图 2-35　桥架的分类

2. 桥架的连接

（1）桥架的直线连接

桥架之间使用桥架连接板，用螺丝紧固，避免刮伤导线，螺母应位于桥架的外侧。

（2）桥架的转角连接

桥架的转角有专门的配件，可使用配件进行连接，常用桥架转角配件如图 2-36 所示。

（3）桥架与配电箱（柜）的连接

桥架与配电箱（柜）的连接，可采用在配电箱（柜）上直接开孔，用连接件将其固定连接成一体的方式，也可通过波纹管、PVC 管和金属软管，将电缆（导线）引出再接入配电箱（柜）的方式。

（4）桥架的接地处理

电缆桥架及其支吊架和引入或引出金属电缆导管，必须进行保护接地，且必须符合下列规定。

① 金属桥架及其支吊架全长应不少于两处与接地干线相连接。在桥架的首端、末端（或中间等位置）把桥架用导线接到接地线上即可。

② 非镀锌桥架间连接板的两端必须跨接铜芯导线或编制铜线。

③ 镀锌电缆桥架间连接板的两端可不做接地跨接线，但每块连接板应有不少于两个防

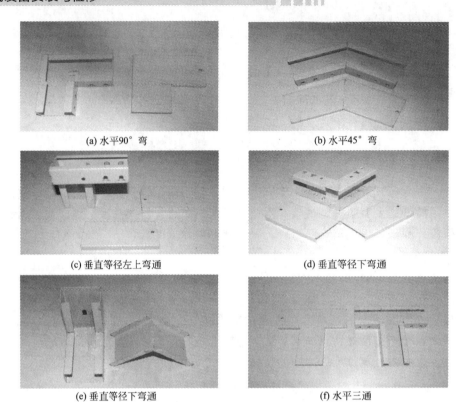

(a) 水平90°弯　　　　　　　　　　　　(b) 水平45°弯

(c) 垂直等径左上弯通　　　　　　　　　(d) 垂直等径下弯通

(e) 垂直等径下弯通　　　　　　　　　　(f) 水平三通

图 2-36　常用桥架转角配件

松动螺帽或防松动垫圈的连接固定螺栓。

（5）桥架的固定

桥架的固定方式可分为托臂支撑固定和吊杆支撑固定，如图 2-37 所示。

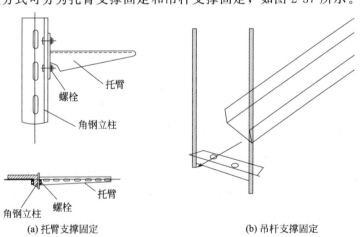

(a) 托臂支撑固定　　　　　　　　　　　(b) 吊杆支撑固定

图 2-37　桥架的固定方式

任务实施

一、材料工具

1. 施工材料如表 2-9

表 2-9　施工材料

序号	材料名称	规格	数量	备注
1	单联开关		2个	
2	日光灯		1盏	
3	节能灯		1盏	
4	配电箱		1个	
5	三相电度表		1个	
6	隔离开关		1个	
7	三相断路器		1个	
8	单相断路器		3个	
9	线槽	60×40	2m	
10	线槽	20×10	5m	
11	线管	20×10		
12	导线	BV1.5	10m	红色
13	导线	BV1.5	10m	蓝色
14	接地线		1条	
15	塑料胀塞及自攻螺丝		若干	

2. 使用工具及仪表

常用电工工具一套、卷尺一把、手锯一把、万用表一块、摇表一块。

二、根据图 2-23 照明布线示意图进行槽板及线管的安装（槽板的安装上个任务已完成，所以本任务略）

1. 画线定位

按设计图确定进户线、盒、箱等电气器具固定点的位置，从始端至终端找好水平或垂直线，进行画线。然后在固定点位置进行钻孔，埋入塑料胀管或伞形螺栓。画线时不应弄脏建筑物表面。

2. 线管的敷设

根据尺寸进行切割整形。根据划线位置固定塑料开口管卡，塑料开口管卡用 1 个木螺丝固定。敷设时，先将全线的管卡逐个固定后，配管时将管子从管卡开口处压入。每个塑料管卡要用两个木螺丝固定，敷设时要先将管卡的一端螺丝拧进一半，然后将管子置于卡内，再拧入另一个木螺丝，最后将两个螺丝拧紧。

三、电气安装及接线

按照图 2-38 照明位置图进行电气的安装，根据图 2-39 照明接线示意图进行接线。

① 按图完成照明器具安装位置的标定，完成照明配电箱、灯具、开关及插座底座的安装。

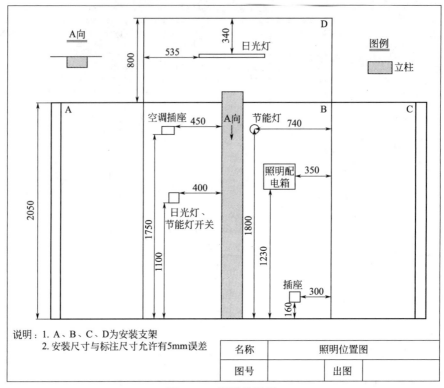

图 2-38　照明位置图

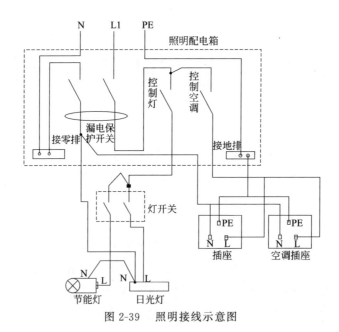

图 2-39　照明接线示意图

② 按线路要求放线，完成导线的敷设。

③ 完成灯具、开关与插座等器具的接线。

螺口节能灯灯座接线时，带簧片的接线柱连接火线，另一接线柱接零线。开关要控制火线。插座接线时要注意火线及零线的接法，插座安装好后，应保证"左零右火上接地"。

④ 完成配电箱的接线。

四、断电检查

在不通电的情况下，用万用表检查线路，确保无误后盖回线槽盖，把灯开关、插座固定。

五、 通电检查

先检查配线箱内各开关上的电压是否正常；再检查开关是否正常控制日光灯及节能灯；最后检查两个插座的电压是否正常。

任务评价

表 2-10 任务评价

序号	项目	内容	配分	评分标准	扣分	得分
1	灯具开关及配电箱的安装	灯具、开关和照明配电箱的安装	20 分	① 不按图纸的位置安装，每处扣 3 分 ② 安装位置尺寸与图纸要求相差±5mm 或以上者，或倾斜者，每处扣 3 分		
2		线管或 PVC 线槽安装工艺	20 分	① 线槽进盒或灯具底座时，底槽未伸入盒内，或底座内，或槽盖边与盒边间隙大于 1mm 者，每处扣 3 分。连槽盖插入或槽底插入长度偏离要求，每处扣 3 分 ② 线管线槽安装要横平竖直，连接处规范合理，螺丝固定要牢固，手摇不松动，不符合要求的每处扣 3 分		
3		灯具、开关和照明配电箱的接线	20 分	① 相线、零线、接地线不按图纸线径要求配线和分色，每处扣 3 分 ② 接线端处露铜超过 3mm，每处扣 3 分 ③ 接线未留 150～200mm 余量，每处扣 3 分 ④ 导线端子没拧成一股绳或压接不牢，每处扣 5 分		
4		通电测试	30 分	① 通电后日光灯及节能灯不发光，每处扣 5 分 ② 通电后开关不起控制作用，或不符合图纸控制要求，每处扣 5 分 ③ 通电后插座电压不正常，每处扣 5 分 ④ 通电后箱内电路若发生跳闸、漏电等现象，可视事故的轻重扣 20～30 分		
5	职业与安全意识	安全操作规程	5 分	符合要求得 5 分，基本符合要求得 3 分，一般得 1 分（有严重违规可以一项否决，如不听劝阻，可终止操作）		
6		工具、耗材摆放、废料处理	5 分	根据情况符合要求得 3 分，有两处错得 1 分，两处以上错得 0 分		

拓展练习

本任务中节能灯的开关打开后，节能灯不亮，日光灯的开关打开后两盏灯全亮，空调插座没有电压，简述故障原因有哪些？故障点在哪？怎样查找及排除？

项目三
常用低压电器的选用、安装与维修

🖊 **知识目标**

① 掌握电气控制系统中常用的低压电器的名称、图形符号、文字符号；

② 掌握常用低压电器的规格、基本结构、工作原理；

③ 理解低压电器在电气控制线路中的作用、选用、安装及注意事项。

🖊 **技能目标**

① 熟悉低压电器外形和基本结构，并能进行正确的拆装、组装；

② 能了解低压电器的常见故障，并能进行检修。

🖊 **项目概述**

　　低压电器作为基本器件，广泛应用于输配电系统和电力拖动系统中。随着科学技术的迅猛发展，工业自动化程度的不断提高，供电系统的容量不断扩大，低压电器的使用范围也不断增大，品种规格不断增加，更新换代的速度加快。本项目主要介绍电力拖动控制线路中常用的低压开关、熔断器、主令电器、接触器、热继电器、时间继电器、中间继电器等低压电器。

任务一 ▷▷▷
交流接触器的拆装与检修

任务描述 ✍

　　接触器是一种适用于远距离频繁地接通或断开交直流电路主电路及大容量控制电路的自动的电磁式开关。它主要控制电动机和其他如电热设备等负载的得电与失电，同时还具有欠压和失压保护功能，而且还具有控制容量大、工作可靠、操作频率高、使用寿命长等优点。交流接触器是电力拖动控制线路中最重要的元件之一。必须真正能认识，会检修交流接触器。

任务分析

认识常见的交流接触器类型，学习它的型号及在原理图中的符号；了解它的结构，熟悉交流接触器的拆卸与装配工艺，并能对常见故障进行正确检修，掌握交流接触器的校验方法；学会交流接触器的安装和在实际线路中如何选用合适的型号等内容。

知识准备

一、常见的交流接触器及结构

1. 类型

交流接触器的种类很多，目前常用的有国产系列 CJ0、CJ10、CJ20 系列，有引进外国技术生产的 B 系列等。本任务以 CJ10 系列为例学习。如图 3-1 所示。

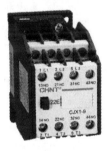

CJ10-20　　　　　CJ10-10　　　　　CJX1-9　　　　　NC1-0910

图 3-1　常见交流接触器类型

2. 结构

交流接触器主要由电磁系统、触头系统、灭弧装置及辅助部件等组成。

① 电磁系统　主要由线圈、铁芯（静铁芯）、衔铁（动铁芯）三部分组成。通过电磁线圈的通电或断电，使衔铁和铁芯吸合或释放，从而带动动触头和静触头闭合或分断，实现接通或断开线路的目的。

② 触头系统　分为主触头和辅助触头，主触头是三对常开触头，分断电流较大的主电路；辅助触头有常开触头和常闭触头，用来分断电流较小的控制电路。所谓常开和常闭触头，是指电磁系统未通电时触头的状态。当线圈通电时，常闭触头先断开，常开触头后闭合；当线圈失电时，常开的先恢复断开，常闭的后恢复闭合，两种触头在改变工作状态时，先后有个时间差，虽然这个时间差很短，但对分析控制线路的工作原理却非常重要。

③ 灭弧装置　交流接触器在断开大电流或高电压线路时，动静触头之间会产生强电弧。灭弧装置用来熄灭电路失电触点断开时产生的电弧，一方面可以减少电弧对触点的损伤，延长触头的使用寿命；另一方面减少弧光短路引起的火灾事故。接触器都装有灭弧装置，常用的灭弧方法有三种：一是双断口电动力灭弧，二是纵缝灭弧，三是栅片灭弧。

④ 辅助部件　有绝缘外壳、弹簧、传动机构及接线柱等。

CJ10-20 交流接触器的结构示意图如图 3-2 所示。

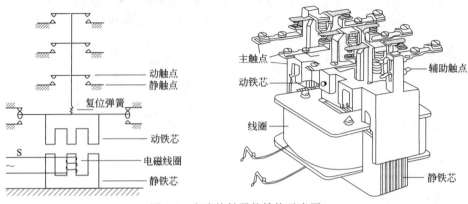

图 3-2　交流接触器的结构示意图

二、交流接触器的符号、型号及意义

接触器的符号如图 3-3 所示。

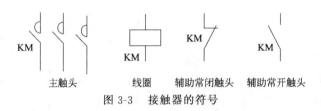

图 3-3　接触器的符号

接触器的型号及意义如图 3-4 所示。

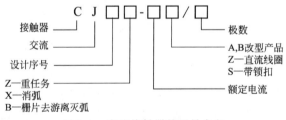

图 3-4　交流接触器的型号含义

三、交流接触器的安装

① 交流接触器一般应安装在垂直面上，倾斜度不得超过 5°；若有散热孔，则应将有孔的一面放在垂直方向上，以利散热，并按规定留有适当的飞弧空间，以免飞弧烧坏相邻电器。

② 安装和接线时，注意不要将零件失落或掉入接触器内部。安装孔的螺钉应装有弹簧垫圈和平垫圈，对角旋入螺钉，并拧紧螺钉以防振动松脱。

③ 安装完毕，检查接线正确无误后，在主触头不带电的情况下操作几次，然后测量产品的动作值和释放值，所测数值应符合产品的规定要求。

四、交流接触器的维护

1. 电磁线圈维护

① 测量线圈绝缘电阻；测量线圈的电阻值。

② 线圈绝缘物有无变色、老化现象，线圈表面温度不应超过 65℃。

③ 检查线圈引线连接，如有开焊、烧损应及时修复。

2. 灭弧罩的维护

① 检查灭弧罩是否破损。

② 检查灭弧罩位置有无松脱和位置变化。

③ 清除灭弧罩缝隙内的金属颗粒及杂物。

3. 触点系统的维护

① 检查动、静触点位置是否对正，三相是否同时闭合，如有问题应调节触点弹簧。

② 检查触点磨损程度，磨损深度不得超过 1mm，触点有烧损，开焊脱落时，须及时更换；轻微烧损时，一般不影响使用。清理触点时不允许使用砂纸，应使用整形锉。

③ 测量相间绝缘电阻，阻值不低于 10MΩ。

④ 检查辅助触点动作是否灵活，触点行程应符合规定值，检查触点有无松动脱落，发现问题时，应及时修理或更换。

4. 铁芯部分的维护

① 清扫灰尘，特别是运动部件及铁芯吸合接触面间的灰尘。

② 检查铁芯的紧固情况，铁芯松散会引起运行噪声加大。

③ 铁芯短路环有脱落或断裂要及时修复。

④ 清扫外部灰尘。

⑤ 检查各紧固件是否松动，特别是导体连接部分，防止接触松动而发热。

五、交流接触器的选用

1. 主触头额定电压的选择

接触器主触头的额定电压应大于或等于控制线路的额定电压。

2. 主触头额定电流的选择

按负载容量选择接触器主触头的额定电流。控制电动机时，主触头的额定电流应大于或稍大于电动机的额定电流。可按下列经验公式计算（适用于 CJ0、CJ10 系列）

$$I_c = \frac{P_N \times 10^3}{K \times U_N}$$

式中　K——经验系数，一般取 1～1.4；

　　　P_N——被控制电动机的额定功率，kW；

　　　U_N——被控制电动机的额定电压，V；

　　　I_c——接触器主触头电流，A。

注意：接触器若频繁启动、制动及正反转的场合，应将接触器主触头的额定电流提高一个等级使用。

3. 吸引线圈的电压等级的选择

应考虑选择控制电源的要求。当控制线路简单，使用电器较少时，为节省变压器，可直接选用 380V 或 220V 电压的线圈。当线路复杂，使用电器超过 5 个时，考虑人身和设备的安全，吸引线圈的电压要选的低一些，可用 36V 或 110V 电压的线圈。

4. 辅助触头数量、类型及容量的选择

接触器辅助触头数量、类型应满足控制线路的要求；对于辅助触头的容量选择，要按联锁回路的需求数量及所连接触头的通断电流大小考虑。

5. 接触器类型的选择

选用时应考虑环境温度、湿度，使用场所的振动、尘埃、化学腐蚀等，应按相应环境选用不同类型接触器。

六、交流接触器常见故障及处理方法

交流接触器常见故障及处理方法如表 3-1 所示。

表 3-1　故障现象、原因及处理方法

故障现象	故障原因	故障处理
触头过热	触头间电流过大①系统电压过高或过低②用电设备超负荷③触头容量选择不当④故障运行	停止运行,找到原因,正确处理
	触头间接触电阻过大①触头压力不足②触头表面接触不良	①调整压力弹簧或更换新触头②触头表面的油污用煤油或四氯化碳清洗;铜质触头表面的氧化膜用小刀轻轻刮去;电弧灼伤的触头用刮刀或细锉修整
触头磨损	电磨损　电弧使触头金属气化造成的	触头磨损超过原厚度的 1/2 时,更换新触头
	机械磨损　触头闭合时撞击或接触面的相对滑动摩擦造成	触头磨损过快时,应查明原因,排除故障
触头熔焊	①接触器容量选择不当,使负载电流超过触头容量②触头压力弹簧损坏使触头压力过小③线路过载使触头闭合时通过的电流过大	①选择较大容量的接触器②更换压力弹簧和新触头③更换新触头,查明过载原因,排除故障
铁芯噪声大	衔铁与铁芯的接触面接触不良或衔铁歪斜①衔铁与铁芯多次碰撞使接触面磨损或变形②接触面上有锈垢、油污、灰尘等	①用细纱布将端面修平整②清洗或清洁接触面
	短路环损坏　多次碰撞造成	将短路环断裂处焊牢或照原样更换一个,并用环氧树脂加固
	机械方面的原因　触头压力过大或活动部分受卡	调整触头压力,清理内部器件
衔铁吸不上	线圈连接处脱落,线圈断线或烧毁	检查线圈阻值和连线,连接线或更换线圈
	电源电压过低或活动部分卡阻	测量线路电压;检查接触器内部器件
衔铁不释放	①触头熔焊②机械部分卡阻③反作用力弹簧损坏	①立即断开电源开关,修整触头并查明原因②清理接触器内部器件③更换反作用弹簧
线圈过热（电流过大）	①线圈匝间短路②铁芯与衔铁闭合时有间隙③线圈两端电压过高或过低	①更换线圈②检查铁芯与衔铁接触面并清洁③检查电源电压并修复

任务实施 👥

一、实训工具、仪表及器材

① 工具：螺钉旋具、尖嘴钳、剥线钳、测电笔等。

② 仪表：万用表 MF47 型、摇表 5050 型各一块。

③ 器材：CJ10-20 接触器 20 个、其他型号的接触器若干，QS1：HK1-15/3、QS2：

HK1-15/2、T：调压变压器及 EL：220V、25W。

二、训练步骤

1. 交流接触器的认识与拆装

（1）认识交流接触器的外形和内部结构名称

（2）写出它的型号及意义，画出它在原理图中的符号

图 3-5 所示为 CJ10-20 接触器的外形及内部结构图。

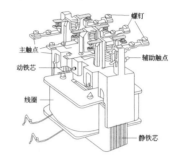

交流接触器外形图　　　　　　　　　　内部结构图

图 3-5　CJ10-20 接触器外形及内部结构图

（3）拆卸步骤和方法

拆卸方法如表 3-2 所示。

表 3-2　接触器拆卸步骤及方法

步骤	方法及工艺	部　件
1	旋下灭弧罩的紧固螺钉，取下灭弧罩	
2	拉紧主触头定位弹簧夹，取下主触头压力弹簧片后，取下触头的接线螺钉	
3	取下主触头及辅助触头，拆卸主触头时必须将主触头侧转 45°后取下	

步骤	方法及工艺	部件
4	松开底部的盖板螺钉,取下后盖。松开螺钉时,同时用手压住盖板要缓慢松开	
5	取下静铁芯缓冲纸片及静铁芯	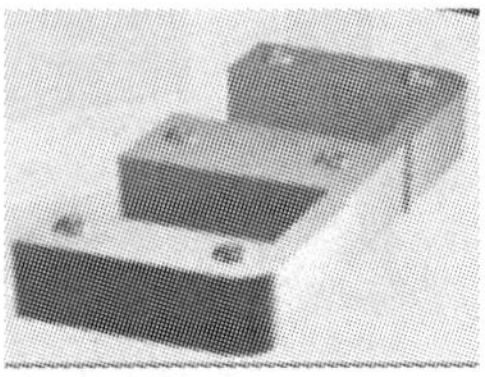
6	取下静铁芯支架和缓冲弹簧	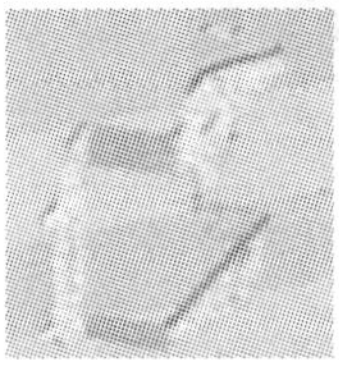 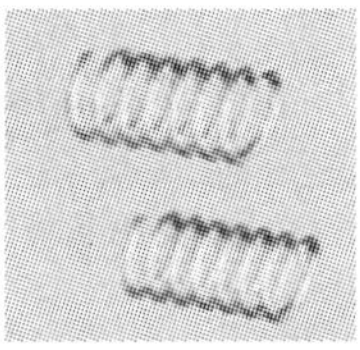
7	拔出线圈接线柱端的弹性夹片,取下线圈	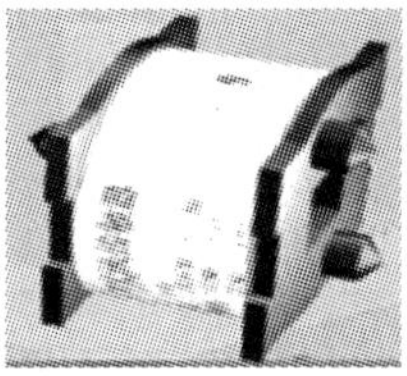
8	取出反作用弹簧,取出衔铁及支架	

（4）装配

按照拆卸的相反顺序重新装配完整。

（5）自检

① 手动实验　用手按动主触头检查吸合部分是否灵活，无卡阻现象，防止产生接触不良，振动和噪声。

② 万用表测量　测量线圈电阻，应有几百到上千欧的阻值。若电阻值为零，说明线圈已短路；若电阻值为无穷大，说明线圈已断路。

测量主触头、辅助触头的阻值，以判定触头接触是否良好。

③ 摇表测量　测量各个触头间及主触头对地绝缘电阻是否符合要求。

2. 交流接触器的校验

① 将装配好的交流接触器按图 3-6 所示接入校验电路。

② 选好电流表、电压表的量程并调零，调压变压器输出置于零位。

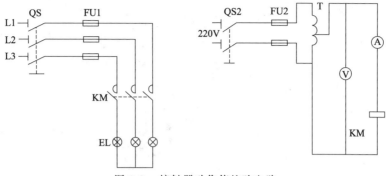

图 3-6   接触器动作值校验电路

③ 合上 QS1、QS2，均匀调节变压器 T，直到接触器衔铁吸合，电压表读数就是接触器的动作电压，该电压为 $U_{动作电压} \geqslant 85\%U_N$ （U_N 吸引线圈的额定电压）。

④ 保持吸合电压值，分合 QS2，做两次冲击合闸实验，以校验接触器动作的可靠性。

⑤ 均匀地降低调压变压器的输出电压直至衔铁分离，此时电压表的指示值为接触器的释放电压值 $U_{释放电压} \geqslant 50\%U_N$。

⑥ 将调压变压器的输出电压调制接触器线圈的额定电压，观察铁芯有无振动及噪音，从指示灯的明暗可判定主触头的接触情况。

三、注意事项

① 拆卸接触器时，为防止螺钉、弹簧等部件丢失，必须准备盛放部件的容器，按拆卸的顺序把部件放好。

② 拆卸过程中，不允许硬撬，不能损坏元件。

③ 通电校验时，接触器等元件要固定在网孔板上，并有教师监护。

④ 调压变压器的操作更要注意安全，要均匀、缓慢地调节变压器的输出电压，使测量结果更准确。

四、评分标准

评分标准，见表 3-3 所示。

表 3-3   评分标准

实训内容	配分	评分标准		扣分	得分
接触器的拆卸和装配	50 分	① 拆卸步骤和方法不对 ② 丢失零部件，每件 ③ 拆卸后不能组装 ④ 损坏零部件	扣 5 分 扣 10 分 扣 10 分 扣 20 分		
接触器的自检	20 分	① 万用表、摇表不会使用 ② 检测不正确每处 ③ 扩大故障	扣 5 分 扣 5 分 扣 10 分		
接触器的校验	30 分	① 校验电路图接线不对 ② 校验方法不正确 ③ 校验结果不正确	扣 10 分 扣 10 分 扣 10 分		
安全文明生产		违反安全文明生产规程	扣 5~40 分		

任务评价

任务评价见表 3-4 所示。

表 3-4　交流接触器拆装与检修的自评互评表

班级			姓名		学号			组别	
项　目	考核内容		配分	评分标准				自评	互评
接触器的拆卸和装配	① 拆卸步骤和方法正确 ② 能重新组装 ③ 没有丢失或损坏元件		50 分	① 拆卸步骤和方法不正确 ② 不能重新组装 ③ 丢失或损坏元件		扣 10 分 扣 10 分 扣 10 分			
接触器的自检	① 正确使用仪表 ② 测量结果正确								
接触器的校验	① 校验接线图正确 ② 校验结果正确		50 分						

拓展练习

如何测量 CJ10-20 接触器的触头压力，并进行调整。

任务二　▷▷▷

时间继电器的检修与校验

任务描述

时间继电器是一种利用电磁原理或机械原理实现延时控制的自动开关装置。当加入或去掉输入的动作信号（即其线圈得电）后，其延时触头需经过规定的准确时间才使触头动作的一种继电器。它广泛用于需要按时间顺序进行控制的电气控制线路中，它的种类很多，有空气阻尼式、电动式、电磁式、晶体管式等。

任务分析

需掌握时间继电器的名称、用途、规格、基本结构、工作原理、图形符号、文字符号；理解它在电气控制线路中的作用、选用、安装及注意事项，熟悉 JS7-A 系列时间继电器的结构，并能整修其触头，能排除它常见的故障；将 JS7-2A 型时间继电器改装成 JS7-4A 型，能对它进行通电校验。

知识准备

一、常见时间继电器的类型及结构

1. 常见时间继电器

常见时间继电器的类型见如图 3-7 所示。

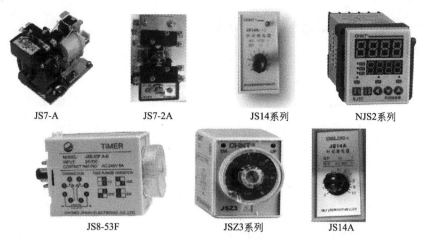

| JS7-A | JS7-2A | JS14系列 | NJS2系列 |

| JS8-53F | JSZ3系列 | JS14A |

图 3-7 空气阻尼式时间继电器类型

2. JS7-A 的结构

JS7-A 的结构如图 3-8 所示。

结构：JS7-A 系列的时间继电器主要由电磁系统、触头系统、空气室、传动机构和基座组成。

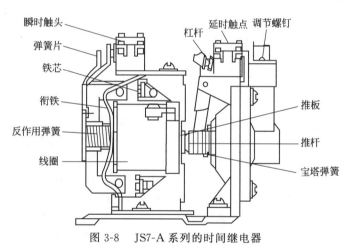

图 3-8 JS7-A 系列的时间继电器

JS20 系列接线座结构见图 3-9 所示。

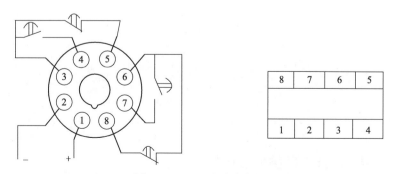

8	7	6	5
1	2	3	4

图 3-9 JS20 系列接线座

注意：1、2 是电源接线柱；当线路中常开触点与常闭触点电位不相同时，不能同时用 3—4 和 3—5 接线柱或者同时用 6—7 和 6—8 接线柱。

二、时间继电器的符号、型号及意义

通电延时型符号如图 3-10 所示。

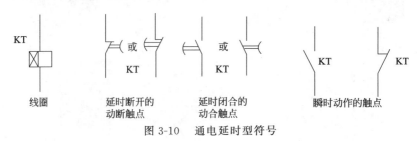

图 3-10　通电延时型符号

断电延时型符号如图 3-11 所示。

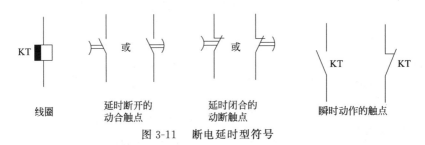

图 3-11　断电延时型符号

JS20 系列的型号意义如图 3-12 所示。

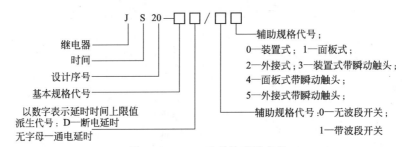

图 3-12　JS20 系列的型号意义

JS7-A 系列的型号意义图 3-13 所示。

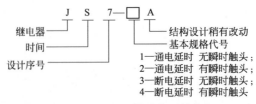

图 3-13　JS7-A 系列的型号含义

三、时间继电器的安装与使用

① 时间继电器应按说明书规定的方向安装。无论是通电延时型还是断电延时型，都必须使继电器在断电后，释放时衔铁的运动方向垂直向下，其倾斜度不得超过 5°。

② 时间继电器的整定值，应预先在不通电时整定好，并在试车时校正。

③ 时间继电器金属底板上的接地螺钉必须与接地线可靠连接。

④ 通电延时型和断电延时型可在整定时间内自行调换。

⑤ 使用时，应经常清除灰尘及油污，否则延时误差将变大。

四、时间继电器的选用

1. 时间继电器类型和系列的选择

要根据线路中要求的延时范围和精度来选择。

电磁式时间继电器延时时间短（0.3～1.6s）。它结构简单，通常用在断电延时场合和直流电路中；电动式时间继电器的原理与钟表类似，它是由内部电动机带动减速齿轮转动而获得延时的。这种继电器延时精度高，延时范围宽（0.4～72h），但结构比较复杂，价格很贵。

在电力拖动线路中，延时精度要求不高时，可选用价格不高的空气阻尼式 JS7 系列的，它体积小，价格低。JS7-A 系列具有通电延时型与断电延时型可以相互改装的优点，方法是把电磁系统（包括线圈、铁芯、衔铁）旋转 180°后固定，原来通电延时型的就成为断电延时型的，原来是断电延时型的就成为通电延时型的。在使用时注意原来的瞬时触点不变，而延时触点常开变为常闭，常闭触点变为常开触点。延时精度要求较高的场合可选用晶体管式的时间继电器。

2. 时间继电器延时方式及触头种类与数量的选择

根据控制线路的要求来选择是通电延时型还是断电延时型，同时考虑线路中所需触头的种类（瞬时或延时）和数量。

3. 吸引线圈电压的选择

根据控制线路的要求及电源电压的情况去选择时间继电器的线圈电压，线圈电压为24V、110V、220V、380V 等。

五、JS7 系列常见故障及处理

JS7 常见故障与处理见表 3-5 所示。

表 3-5 JS7 系列常见故障及处理

故障现象	故障原因	故障处理
延时触头不动作	① 电磁线圈烧断或接线柱松脱 ② 电源电压低 ③ 传动机构故障	① 更换线圈或紧固线圈接线柱 ② 检查电源电压 ③ 检修传动机构
延时时间缩短	① 气室密封不严 ② 橡皮膜老化或损坏	① 检修气室 ② 更换橡皮膜
延时时间延长	气室或小孔通道有灰尘,使气道狭窄	清除灰尘,畅通气道

任务实施

一、实训工具、 仪表及器材

① 工具：螺钉旋具、尖嘴钳、剥线钳、测电笔、电烙铁等。

② 仪表：万用表 MF47 型、摇表 5050 型各一块。

③ 器材：JS7-2A 型时间继电器 20 个，QS1：HK1-15/3，FU：RL1-15/2，SB：LA4-2H，EL：220V/15W。

二、训练步骤及工艺要求

1. 整修 JS7-2A 时间继电器的触头

① 旋下瞬时和延时触头的紧固螺钉，取下微动开关（含有 4 对触头）。

② 均匀用力缓慢取下微动开关的盖板。

③ 小心取下动触头及薄垫片和小弹簧。

④ 触头修正时用锋利的刀刃或细挫进行修平，然后用干净的布擦净。不允许用纱布研磨，不能用手指触及触头，也不能用油类进行润滑，以免污染触头。修正后应保证触头接触良好，若无法修复应调换新触头。

⑤ 按拆卸的相反顺序重新进行装配。

⑥ 手动实验时间继电器的触头动作情况，手动让线圈吸合，松开线圈失电，听瞬时触头和延时触头的动作声音。

2. JS7-2A 型时间继电器改装成 JS7-4A 型

① 松开线圈支架紧固螺钉，取下电磁系统包括铁芯、线圈及衔铁组成的总成部件。

② 将总成部件沿水平方向旋转 180°后，重新旋紧紧固螺钉。

③ 用上述⑥的方法手动实验时间继电器的动作情况。可移动紧固螺钉使其调整到最佳位置，使瞬时触头及延时触头都能动作。

三、通电校验

① 将整修和重新装配好的时间继电器按图 3-14 所示进行接线，检查后进行通电校验。

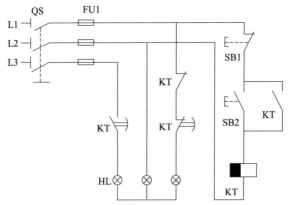

图 3-14　JS7-A 系列时间继电器校验电路图

② 通电现象。

合上 QS 后，第 2、3 个灯亮，第 1 个灯不亮。

按下 SB2 后，第 1、2 个灯立即亮，第 3 个灯立刻灭。

按下 SB1，灯的情况不变，时间继电器断电，开始计时，延时时间到后，第 1 个灯灭，第 2、3 个灯又亮。

③ 通电校验合格的标准：在 1min 内通电频率不少于 10 次，做到各触点工作良好，吸合时无噪音，并且触头动作延时时间每次都一样。

四、注意事项

① 拆卸时间继电器时，备好盛放部件的容器，以防丢失。

② 整修和改装过程中，不得损坏元件。

③ 通电校验时，要先检查线路，在教师在场监护时才能通电校验，根据时间继电器的动作原理分析实验结果，观察实验现象，判定校验正确无误。

④ 无论是 JS7-2A 型还是 JS7-4A 型的时间继电器在安装时要保证衔铁释放的方向垂直向下。

五、评分标准

评分标准见表 3-6 所示。

表 3-6　评分标准

内　容	配分	评分标准	扣分
整修和改装	50 分	① 丢失或损坏元件每件　　　　　　　　扣 10 分 ② 改装错误或扩大故障　　　　　　　　扣 30 分 ③ 整修和改装步骤方法不对　　　　　　扣 5 分 ④ 整修和改装后不能通电　　　　　　　扣 30 分	
通电校验	50 分	① 不能进行通电校验　　　　　　　　　扣 30 分 ② 校验线路接错　　　　　　　　　　　扣 20 分 ③ 通电校验结果不对　　　　　　　　　扣 30 分 ④ 安装元件不牢固或漏接接地线　　　　扣 15 分	
安全文明生产		违反安全文明生产规定　　　　　　　　扣 5~40 分	

任务评价

任务评价见表 3-7 表示。

表 3-7　时间继电器的检修与校验的自评互评表

班级		姓名		学号		组别		
项　目	考核内容		配分	评分标准			自评	互评
整修和改装	① 丢失或损坏元件 ② 改装错误或扩大故障 ③ 整修和改装步骤方法不对 ④ 整修和改装后不能通电			① 每件扣 10 分 ② 扣 30 分 ③ 扣 5 分 ④ 扣 30 分				
通电校验	① 不能进行通电校验 ② 校验线路接错 ③ 通电校验结果不对 ④ 安装元件不牢固或漏接接地线			① 扣 30 分 ② 扣 20 分 ③ 扣 30 分 ④ 扣 15 分				
安全文明生产	安全文明生产规定							

拓展练习

利用网络收集不同型号的时间继电器，了解它们的结构，延时类型及延时时间。

任务三

认识常用低压电器

任务描述

在日常生活中使用的电风扇、洗衣机等家用电器，在生产中大量使用的各式各样的生产机械，如车床、磨床、钻床、造纸机、轧钢机等设备上的工作机构的运转几乎都是由电动机来带动的，这叫做电力拖动。凡是采用电力拖动的生产机械，其电动机的运转都是由各种接触器、继电器、按钮、行程开关等电器构成的控制线路来进行控制的。

不同的生产机械控制要求也不同，要使电动机按照生产机械的要求正常安全地运转，必须要由一定数量、不同种类、不同型号和规格的电器组成一定的控制线路，才能实现。我们必须认识各种低压电器。

任务分析

掌握电气控制系统中常用的低压电器的名称、用途、规格、基本结构、工作原理、图形符号、文字符号；理解他们在电气控制线路中的作用、选用、安装及注意事项；熟悉低压电器外形和基本结构，并能进行正确的拆装、组装；能排除低压电器的常见故障。熟悉常用低压电器的型号及外形特点，能正确识别各类不同的低压电器，对低压电器的质量进行简单的测量与判断。

知识准备

电器是根据外界特定信号或要求，自动或手动接通和断开电路，断续或连续地改变电路参数，实现对电路或非电现象的切换、控制、保护、检测和调节的电气设备。电器可分为高压电器和低压电器。工作在交流额定电压 1200V 及以下或直流额定电压 1500V 及以下的电器称为低压电器。

一、开启式负荷开关

开启式负荷开关又称为瓷底胶盖刀开关，简称闸刀开关。HK 系列适用于照明、电热设备及小容量电动机控制线路中，手动不频繁地接通和分断电路，并起短路保护。

1. 结构

HK 系列负荷开关由刀开关和熔断器组成，上面的胶盖可以防止操作时触及带电体或分断时产生的电弧飞出伤人。结构如图 3-15 所示。

2. 电气符号、型号及含义

电气符号、型号及含义见图 3-16 所示。

3. 选用

开启式负荷开关的结构简单，价格便宜，在一般的照明电路和功率小于 5.5kW 的电动

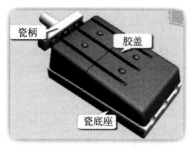
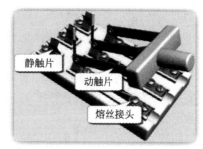

图 3-15　开启式负荷开关结构

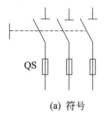
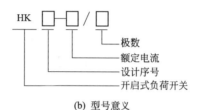

(a) 符号　　　　　　　　　　(b) 型号意义

图 3-16　开启式负荷开关符号及型号含义

机控制线路中被广泛采用。但这种开关没有专门的灭弧装置，其刀式动触头和静夹座易被电弧灼伤引起接触不良，因此不宜用于操作频繁的电路。具体选用方法如下。

① 用于照明和电热负载时，选用额定电压 220V 或 250V，额定电流不小于电路所有负载额定电流之和的两极开关。

② 用于控制电动机的直接启动和停止时，选用额定电压 380V 或 500V，额定电流不小于电动机额定电流 3 倍的三极开关。

4. 安装与使用

① 开启式负荷开关必须垂直安装在控制屏或开关板上，且合闸状态时手柄应朝上。不允许倒装或平装，以防发生误合闸事故。

② 开启式负荷开关控制照明和电热负载使用时，要装接熔断器作短路和过载保护。接线时应把电源进线接在静触头一侧的进线座，负载接在动触头一侧的出线座，这样在开关断开后，闸刀和熔体上都不会带电。开启式负荷开关用作电动机的控制开关时，应将开关的熔体部分用铜导线直连，并在出线端另外加装熔断器作短路保护。

③ 更换熔体时，必须在闸刀断开的情况下按原规格更换。

④ 在分闸和合闸操作时，应动作迅速，使电弧尽快熄灭。

⑤ 开关应垂直安装。当在不切断电流、有灭弧装置或用于小电流电路等情况下，可水平安装。水平安装时，分闸后可动触头不得自行脱落，其灭弧装置应固定可靠。

⑥ 可动触头与固定触头的接触应良好，大电流的触头或刀片宜涂电力复合脂。

⑦ 双投刀闸开关在分闸位置时，刀片应可靠固定，不得自行合闸。

⑧ 安装杠杆操作机构时，应调节杠杆长度，使操作到位且灵活。开关辅助接点指示应正确。

⑨ 开关的动触头与两侧压板距离应调整均匀，合闸后接触面应压紧，刀片与静触头中心线应在同一平面，且刀片不应摆动。

5. 开启式负荷开关常见故障及处理

开启式负荷开关常见故障及处理方法，见表 3-8 所示。

表 3-8　常见故障及处理方法

故障现象	故障原因	处理方法
合闸后,开关一相或两相开路	① 静触头弹性消失,开口过大,造成动、静触头接触不良 ② 熔丝熔断或虚连 ③ 动、静触头氧化或有尘污 ④ 开关进、出线线头接触不良	① 修改或更换静触头 ② 更换熔丝或紧固熔丝 ③ 清洁触头 ④ 重新连接
合闸后,熔丝熔断	① 外接负载短路 ② 熔体规格偏小	① 排除负载短路故障 ② 按要求更换熔体
触头烧坏	① 开关容量较小 ② 拉、合闸动作过慢,造成电弧过大,烧坏触头	① 更换开关 ② 修整或更换触头,并改善操作方法

二、低压断路器

低压断路器又叫自动空气开关,它具有控制和多种保护功能。可用于不频繁地接通和断开电路,控制电动机的运行;当电路发生短路、过载、欠压和失压等故障时,能自动切断故障电路,保护线路和设备。

1. 常见低压断路器及型号

常见低压断路器及型号如图 3-17 所示。

DZ47LE-32C16　　DZ47-63C6　　DZ47LEC10　　DZ47-63C3　　CDM1-63M/4300　　DZ520/330

塑壳断路器　　万能式断路器

图 3-17　各种低压断路器及型号

2. 低压断路器的电气符号、型号及意义

图 3-18 为低压断路器的符号及型号。在电力拖动控制系统中常用的低压断路器是 DZ 系列塑壳式断路器。如 DZ5 和 DZ10 系列。前者是小电流系列,后者是大电流系列。以 DZ5-20 型断路器为例。

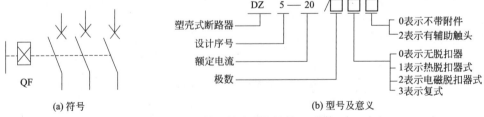

图 3-18　低压断路器的符号、型号

3. 低压断路器的结构及工作原理示意图

低压断路器的结构示意图如图 3-19 所示。

过载保护：当线路发生过载时，过载电流流过热元件产生一定的热量，使双金属片受热向上弯曲，通过杠杆 6 使搭钩 4 脱开，动静触头分开，切断电路，使用电设备不致因过载而烧毁。

短路保护：当线路发生短路故障时，短路电流超过电磁脱扣器 5 的瞬时脱扣整定电流，电磁脱扣器产生足够大的吸力将衔铁 11 吸合，通过杠杆 6 使搭钩 4 脱开，动静触头分开，切断电路，实现短路保护。

欠压、失压保护：当线路电压正常时，欠压脱扣器的衔铁被吸合，当欠压或失压时，欠压脱扣器吸力减小衔铁 8 在拉力弹簧的作用下撞击杠杆 6，使搭钩 4 脱开，动静触头分开，切断电路。在无电压或欠电压时，不能接通电路，具有保护作用。

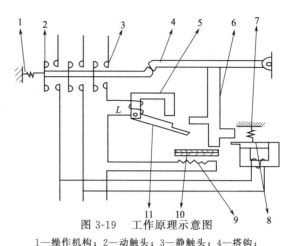

图 3-19　工作原理示意图

1—操作机构；2—动触头；3—静触头；4—搭钩；
5—电磁脱扣器；6—杠杆；7—拉力弹簧；
8—欠压脱扣器衔铁；9—热元件；10—双金属片；
11—电磁脱扣器衔铁

4. 选用原则

① 低压断路器的额定电压和额定电流应不小于线路的正常工作电压和计算负载电流。

② 热脱扣器的额定电流应等于所控制负载的额定电流。

③ 电磁脱扣的瞬时脱扣整定电流应大于负载正常工作时可能出现的峰值电流。用于控制电动机的断路器，其瞬时脱扣整定电流可按下式选取

$$I_z > K_{Ist}$$

式中　K——安全系数，可取 $1.5 \sim 1.7$；

$\quad I_{st}$——电动机的启动电流。

④ 欠压脱扣器的额定电压应等于线路的额定电压。

⑤ 断路器的极限通断能力应不小于电路最大短路电流。

5. 安装与使用

① 低压断路器应垂直于配电板安装，电源引线应接到上端，负载引线接到下端。按漏电保护器产品标志进行电源侧和负荷侧接线。

② 低压断路器用作电源总开关或电动机的控制开关时，在电源进线侧必须加装刀开关或熔断器等，以形成明显的断开点。

③ 低压断路器在使用前应将脱扣器工作面的防锈油脂擦干净。各脱扣器动作值一经调整好，不允许随意变动，以免影响其动作值。

④ 使用过程中若遇分断短路电流，应及时检查触头系统，若发现电灼烧痕，应及时修理或更换。

⑤ 断路器上的积尘应定期清除，并定期检查各脱扣器动作值，给操作机构添加润滑剂。

⑥ 断路器操作手柄或传动杠杆的开、合位置应正确；操作力不应大于产品的规定值。带有短路保护功能的漏电保护器安装时，应确保有足够的灭弧距离。

⑦ 断路器电动操作机构接线应正确；在合闸过程中，开关不应跳跃；开关合闸后，限制电动机或电磁铁通电时间的联锁装置应及时动作；电动机或电磁铁通电时间不应超过产品

的规定值。

⑧ 断路器开关辅助接点动作应正确可靠，接触应良好。

⑨ 抽屉式断路器的工作、试验、隔离三个位置的定位应明显，并应符合产品技术文件的规定。

⑩ 抽屉式断路器空载时进行抽、拉数次应无卡阻，机械联锁应可靠。

6. 低压断路器的常见故障及处理

低压断路器常见故障及处理方法见表 3-9 所示。

表 3-9　低压断路器的常见故障及处理方法

故障现象	故障原因	处理方法
不能合闸	① 欠压脱扣器无电压或线圈损坏 ② 储能弹簧变形 ③ 反作用弹簧力过	① 检查施加电压或更换线圈 ② 更换储能弹簧 ③ 重新调整
电流达到整定值，断路器不动作	① 热脱扣器双金属片损坏 ② 电磁脱扣器的衔铁与铁芯距离太大或电磁线圈损坏 ③ 主触头熔焊	① 更换双金属片 ② 调整衔铁与铁芯的距离或更换断路器 ③ 检查原因并更换主触头
启动电动机时断路器立即分断	① 电磁脱扣器的瞬时整定值过小 ② 电磁脱扣器某些零件损坏	① 调高整定值至规定值 ② 更换脱扣器
断路器闭合后经一定时间自行分断	热脱扣器整定值过小	调高整定值至规定值
断路器温升过高	① 触头压力过小 ② 触头表面过分磨损或接触不良 ③ 两个导电零件连接螺钉松	① 调整触头压力或更换弹簧 ② 更换触头或修整接触面 ③ 重新拧紧

三、熔断器

熔断器在低压配电网络和电力拖动线路中主要起短路保护的作用。使用时串联在被保护的电路中，当电路发生短路故障，通过熔断器的电流达到或超过某一规定值时，以其自身产生的热量使熔体熔断，从而自动分断电路，起到保护作用。

电力系统的短路故障，是指一相或多相载流导体接地或不通过负荷互相接触，由于此时故障点的阻抗很小，致使电流瞬时升高，短路点以前的电压下降，对电力系统的安全运行极为不利。

1. 常见熔断器

常见熔断器的型号如图 3-20 所示。

2. 熔断器结构

① 结构　熔断器主要由熔体、安装熔体的熔管和熔座三部分组成。

熔体是熔断器的主要组成部分，常做成丝状、片状或栅状。熔体的材料通常有两种，一种是由铅、铅锡合金或锌等低熔点材料制成，多用于小电流电路；另一种是由银、铜等较高熔点的金属制成，多用于大电流电路。

熔管是熔体的保护外壳，用耐热绝缘材料制成，在熔体熔断时兼有灭弧作用。

熔座是熔断器的底座，作用是固定熔管和外接引线。

② RL1 系列结构及应用如图 3-21 所示。主要应用在控制箱、配电屏、机床设备及振动较大的场合，交流电压 500V、额定电流 200A 及以下的控制线路中，进行短路保护。

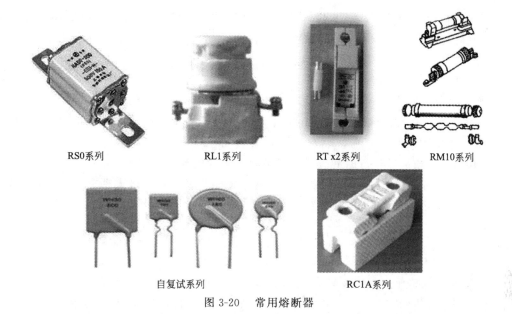

RS0系列　　　　RL1系列　　　　RT x2系列　　　RM10系列

自复试系列　　　　RC1A系列

图 3-20　常用熔断器

3. 熔断器的符号、型号及意义

熔断器的符号及意义见图 3-22 所示。

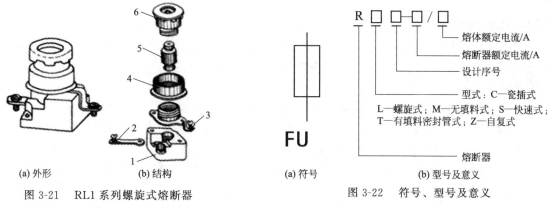

(a) 外形　　(b) 结构

图 3-21　RL1 系列螺旋式熔断器

1—瓷座；2—下接线座；3—上接线座；

4—瓷套；5—熔断管；6—瓷帽

(a) 符号　　(b) 型号及意义

图 3-22　符号、型号及意义

型号及意义标注：

R □ □ □ / □

熔体额定电流/A

熔断器额定电流/A

设计序号

型式：C—瓷插式

L—螺旋式；M—无填料式；S—快速式；

T—有填料密封管式；Z—自复式

熔断器

下面是熔断器的几个概念。

熔断器的额定电流：是指保证熔断器能长期正常工作的电流，是由熔断器各部分长期工作时的允许温升决定的。一个电流等级的熔断器可配用几个电流等级的熔体。

熔体的额定电流：是指在规定的工作条件下，长时间通过熔体不熔断的最大电流值。它是由保护电动机的额定电流决定的。它的电流等级不能大于熔断器的电流等级。

熔断器的额定电压：是指能保证熔断器长期正常工作的电压。若它的实际工作电压大于其额定电压，熔体熔断时可能发生电弧不能熄灭的危险。

4. 熔断器的选择

（1）熔断器类型的选择

根据使用环境和负载性质选择适当类型的熔断器。RC 瓷插式——照明线路中；RL1 系列螺旋式——机床控制线路中；RT0 有填料式——短路电流较大或有易燃气体的环境中；RM10 无填料封闭管式——开关柜或配电屏中；RS 系列快速式——半导体功率元件及晶闸管保护线路中。

（2）熔体额定电流的选择

① 照明及电热负载线路中，熔体的额定电流等于或稍大于负载的额定电流。

② 一台不经常启动或启动时间不长的电动机控制线路中，熔体的额定电流应大于或等于 1.5～2.5 倍电动机额定电流，即 $I_{RN} \geqslant (1.5 \sim 2.5)I_N$。

对于频繁启动或启动运行时间较长的电动机，上式的系数应取 3～3.5。

③ 多台电动机的线路中，熔体的额定电流应大于或等于其中最大功率电动机的额定电流的 1.5～2.5 倍加上其余电动机额定电流之和，即

$$I_{RN} \geqslant (1.5 \sim 2.5)I_{Nmax} + \sum I_N$$

5. 安装与使用

① 熔断器应完整无损，安装时应保证熔体和夹头以及夹头和夹座接触良好，并具有额定电压、额定电流值标志。有熔断指示器的熔断器，其指示器应装在便于观察的一侧。

② 插入式熔断器应垂直安装，螺旋式熔断器的电源线应接在瓷底座上，负载线应接在螺纹壳的上接线座上。这样在更换熔断管时，旋出螺帽后螺纹壳上不带电，保证了操作者的安全。

③ 熔断器内要安装合格的熔体，不能用多根小规格熔体并联代替一根大规格熔体。

④ 安装熔断器时，各级熔体应相互配合，并做到下一级熔体规格比上一级规格小。

⑤ 安装熔丝时，熔丝应在螺栓上沿顺时针方向缠绕，压在垫圈下，拧紧螺钉的力应适当，以保证接触良好，同时注意不能损伤熔丝，以免减小熔体的截面积，产生局部发热而产生误动作。

⑥ 更换熔体或熔管时，必须切断电源。尤其不允许带负荷操作，以免发生电弧灼伤。

⑦ 对 RM10 系列熔断器，在切断过三次相当于分段能力的电流后，必须更换熔断管，以保证能可靠地切断所规定分段能力的电流。

⑧ 熔断器兼作隔离器件使用时应安装在控制开关的电源进线端，若仅作短路保护用，应装在控制开关的出线端。

⑨ 安装具有几种规格的熔断器，应在底座旁标明规格。

⑩ 带有接线标志的熔断器，电源线应按标志进行接线。

⑪ 熔断器及熔体的容量，应符合设计要求，并核对所保护电气设备的容量与熔体容量是否相匹配；对后备保护、限流、自复、半导体器件保护等有专用功能的熔断器，严禁替代。

6. 熔断器的常见故障及处理

表 3-10 为熔断器常见故障及处理方法。

表 3-10　熔断器的常见故障及处理方法

故障现象	故障原因	处理方法
电路接通后，熔体立刻熔断	① 线路短路或接地 ② 选择的熔体电流等级太小 ③ 熔体受机械损伤	① 检查线路故障 ② 更换熔体 ③ 更换熔体
熔体未熔断，但电路不通	熔体或接线座接触不良	重新检查、连接

四、按钮

按钮属于一种最常用的主令电器，用手指或手掌施加力去操作，来接通或断开控制电路，即在控制电路中发出指令或信号去控制接触器、继电器等电器，再由它们控制主电路中电动机的运行。按钮是具有储能复位的一种控制开关，按钮的触头允许通过的电流较小，一般不超过5A。

1. 常见按钮及结构

外形：如图3-23所示。

(a) LA19-11A　　　(b) LA18-22Y钥匙按钮　　　(c) LAY系列按钮　　　(d) LA4-2H

图3-23　几种常见按钮外形

结构：按钮一般有按钮帽、复位弹簧、桥式动触头、静触头、支柱连杆及外壳等部分组成。如图3-24所示。

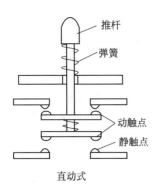

图3-24　按钮结构示意图

2. 按钮的符号、型号及意义

按钮在电路图中的符号，如图3-25所示。

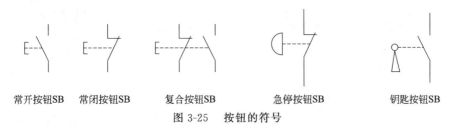

常开按钮SB　常闭按钮SB　　复合按钮SB　　　急停按钮SB　　　　钥匙按钮SB

图3-25　按钮的符号

按钮的型号意义，见图3-26所示。

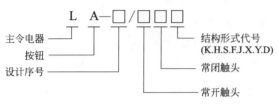

图 3-26 按钮型号及意义

K—开启式；H—保护式；S—防水式；F—防腐式；
J—紧急式；X—旋钮式；Y—钥匙操作式；D—光标按钮

3. 按钮的安装与使用

① 按钮安装在面板上时，应布置整齐，排列合理，如根据电动机启动的先后顺序，从上到下或从左到右排列。

② 同一机床运动部件有几种不同的工作状态时（如上、下、前、后、松、紧等），应使每一对相反状态的按钮安装在一组。

③ 按钮的安装应牢固，安装按钮的金属板或金属按钮盒必须可靠接地。

④ 由于按钮的触头间距较小，如有油污等极易发生短路故障，所以应注意保持触头间的清洁。

⑤ 光标按钮一般不宜用于需长期通电显示处，以免塑料外壳过度受热而变形，使更换灯泡困难。

⑥ 按钮之间的距离宜为 50～80mm，按钮箱之间的距离宜为 50～100mm；当倾斜安装时，其与水平的倾角不宜小于 30°。

⑦ 按钮操作应灵活、可靠、无卡阻。

⑧ 集中在一起安装的按钮应有编号或不同的识别标志，"紧急"按钮应有明显标志，并设保护罩。

4. 按钮的选择

① 按钮的种类可根据使用的场合和具体用途来选择。开启式的可嵌装在操作面板上；光标式的可显示工作状态；钥匙式的可防止无关人员操作；防腐式的可用在腐蚀性的气体处；保护式的可用在有颗粒的空间里。

② 按钮的颜色可根据工作状态指示和工作情况的要求来选择。启动按钮可选白、灰或黑色，也允许选绿色；急停应选红色；停止可选黑、灰或白色，优先选黑色，也可选红色。

③ 按钮的数量可根据控制回路的需要来选择。单联的、双联的、三联的等。

5. 按钮的常见故障及处理方法

表 3-11 为按钮的常见故障及处理方法。

表 3-11 按钮的常见故障及处理方法

故障现象	可能原因	处理方法
触头接触不良	① 触头烧损 ② 触头表面有油污 ③ 触头弹簧失效	① 修正触头或更换按钮 ② 清洁触头表面 ③ 重绕弹簧或更换按钮
触头间短路	① 触头受热变形，导致接线螺钉相碰短路 ② 杂物或油污在触头间形成通路	① 更换按钮，并查明发热原因，如灯泡发热所致，可降低电压 ② 清洁按钮内部

五、行程开关

行程开关是用来反映工作机械的行程，发出命令以控制其运动方向和行程大小，实现自动往返、自动停止及反向运动的开关，它也属于一种主令电器。其工作过程是利用生产机械运动部件碰压它的滚轮使其触头动作，从而将机械信号转变成电信号，用以控制机械动作或用作 PLC 的程序控制。

1. 常见形状及结构

常见的行程开关的结构如图 3-27 所示。

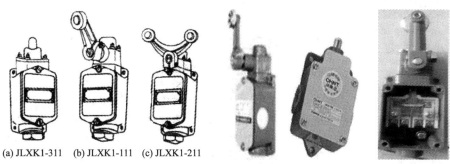

(a) JLXK1-311　(b) JLXK1-111　(c) JLXK1-211

图 3-27　常见行程开关类型

结构：各系列行程开关的基本结构大体相同，都是由触头系统、操作机构和外壳组成。

2. 行程开关的符号、型号及意义

行程开关的符号如图 3-28 所示。

目前机床中常用的行程开关有 LX19 和 JLXK1 系列，其型号意义如图 3-29 所示。

常开触头　　常闭触头　　复合触头

图 3-28　行程开关的符号

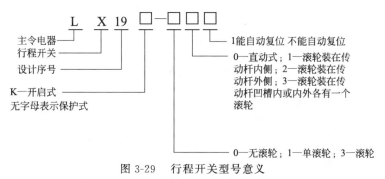

图 3-29　行程开关型号意义

3. 行程开关安装与使用

① 行程开关安装时，安装位置要准确，安装要牢固。安装位置应能使开关正确动作，且不妨碍机械部件的运动；滚轮的方向不能装反，挡铁与其碰撞的位置应符合控制线路的要求，并确保能可靠地与挡铁碰撞。

② 碰块或撞杆应安装在开关滚轮或推杆的动作轴线上。对电子式行程开关应按产品技术文件要求调整可动设备的间距。

③ 碰块或撞杆对开关的作用力及开关的动作行程，均不应大于允许值。

④ 限位用的行程开关，应与机械装置配合调整。确认动作可靠后，方可接入电路使用。

⑤ 行程开关在使用中，要定期检查和保养，除去油污及粉尘，清理触头。经常检查其动作是否灵活、可靠，及时排除故障。防止因行程开关触头接触不良或接线松脱产生误动作而导致设备和人身安全事故。

4. 行程开关选用

行程开关主要根据机械设备动作要求、行程开关的安装形式及其触头状态和数量来进行

选择。

5. 行程开关常见故障及处理方法

行程开关常见故障及处理方法见表 3-12 所示。

表 3-12 行程开关常见故障及处理方法

故障现象	故障原因	故障处理
碰撞位置开关后，无反应	① 安装位置不对 ② 触头弹簧无弹力 ③ 触头表面有油污	① 调整安装位置 ② 更换弹簧 ③ 清洁触头表面
挡铁离开后，触头不复位	① 内部机构卡住 ② 触头弹簧无弹力失效	① 清除内部异物、表面油污或调整调节螺钉长度 ② 更换复位弹簧

常见接近开关的简介。

1. 电感传感器（电感式接近开关）

这种接近开关也称为涡流式接近开关。当导电物体在接近能产生电磁场的接近开关时，使物体内部产生涡流。这个涡流反作用到接近开关，使开关内部电路参数发生变化，并转换为开关信号输出，从而识别出有无导电物体移近，这种接近开关所能检测的物体必须是导电体。工作过程如图 3-30 所示。

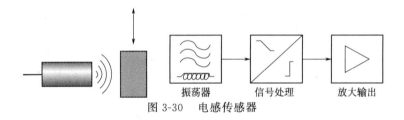

振荡器　　　信号处理　　　放大输出

图 3-30　电感传感器

2. 电容传感器（电容式接近开关）

电容式传感器的感应面由两个同轴金属电极构成，很像"打开的"电容器电极。这两个电极构成一个电容，串接在 RC 振荡回路内，其工作原理如图 3-31 所示。电源接通时，RC 振荡器不振荡，当一物体朝着电容器的电极靠近时，电容器的容量增加，振荡器开始振荡。通过后级电路的处理，将不振荡和振荡两种信号转换成开关信号，从而起到了检测有无物体存在的目的。这种传感器能检测金属物体，也能检测非金属物体。对金属物体可以获得最大的动作距离，而对非金属物体，动作距离的决定因素之一是材料的介电常数。材料的介电常数越大，可获得的动作距离越大。材料的面积对动作距离也有一定影响。大多数电容传感器的动作距离都可通过其内部的电位器进行调节、设定。

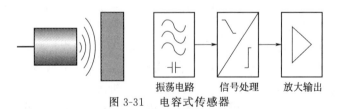

振荡电路　　　信号处理　　　放大输出

图 3-31　电容式传感器

3. 漫反射式光电传感器

漫反射式光电传感器集发射器与接收器于一体，在前方无物体时，发射器发出的光不会被接收器所接收到。当前方有物体时，接收器就能接收到物体反射回来的部分光线，通过检测电路产生开关量的电信号输出。漫反射式光电传感器的有效作用距离是由目标的反射能力决定的，即由目标表面性质和和颜色决定。其工作原理如图 3-32 所示。

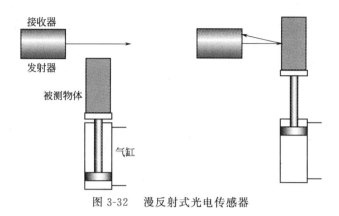

图 3-32　漫反射式光电传感器

六、热继电器

热继电器是利用流过继电器的电流所产生的热效应而反时限动作的继电器，反时限是指通过线路的电流增加而动作时间缩短。热继电器主要用作电动机的过载保护、断相保护、电流不平衡运行的保护及其他电气设备发热状态的控制。

1. 常见的热继电器类型及结构

（1）常见热继电器及型号

常见热继电器类型如图 3-33 所示。

JRS2-63/F　　　　　　　　　　JR36-20

JRS2(3UA)系列

图 3-33　常见热继电器类型

（2）结构及工作原理

① 结构　热继电器主要有热元件、动作机构、触头系统、电流整定装置、复位机构等组成。如图 3-34 所示。

热元件是热继电器的主要组成部分，由双金属片和缠绕在外面的电阻丝组成。双金属片是由两种热膨胀系数不同的金属片复合而成。复位机构有手动和自动两种形式，可根据使用要求通过复位调节螺钉来自由调整选择。一般自动复位时间小于 5min，手动复位时间小

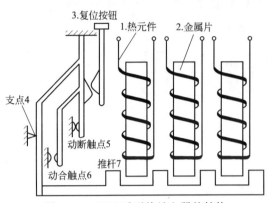

图 3-34　JR36 系列热继电器的结构

于 2min。

② 工作原理　使用时，把热继电器的热元件串接在主电路中，电动机的电流经过热元件，热元件检测线路中主电路的电流；把热继电器的常闭触头串接在控制线路中。当电动机过载，线路中的电流超过电动机的额定电流（热继电器的整定电流）时，电阻丝发热，双金属片受热弯曲，推动推杆向右，使串接在控制线路上的热继电器的常闭触头断开，使控制线路失电，电动机停转，起到保护作用。

热继电器的整定电流：是指热继电器连续工作而不动作的最大电流。热继电器的整定电流的大小可通过旋转电流整定旋钮来调节，旋钮上刻有整定电流值标尺。

注意：对电动机的绕组是 Y 形连接的，若发生断相故障，另外两相的电流会增大，流过这两相的电流就是流过热继电器热元件的电流，热继电器会做出反应切断控制线路，使电动机停转。但对于定子绕组是△接法的电动机发生断相时，流过热继电器的电流（线电流）与流过电动机非故障绕组的电流（相电流）的增加比例不相同，电动机非故障相流过的电流可能超过其额定电流，而流过热继电器的电流却没有超过其整定值，热继电器不动作，但电动机的绕组可能会因过载而烧毁。所以对△接法的电动机必须采用带断相保护的热继电器。

2. 热继电器的符号、型号和意义

热继电器在电路图中的符号、型号及意义如图 3-35 所示。

3. 安装与使用

① 热继电器必须按照产品说明书中规定的方式安装。安装处的环境温度应与电动机所处环境温度基本相同。当与其他电器安装在一起时，应注意将热继电器安装在其他电器的下方，以免其动作特性受到其他电器发热的影响。

② 热继电器安装时应清除触头表面尘污，以免因接触电阻过大或电路不通而影响热继电器的动作性能。

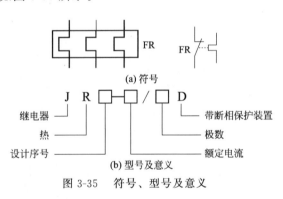

图 3-35　符号、型号及意义

③ 使用中的热继电器应定期通电校验。此外，当发生短路事故后，应检查热元件是否已发生永久变形。若已变形则需通电校验。因热元件变形或其他原因致使动作不准确时，只能调整其可调部件，而绝不能弯折热元件。

④ 热继电器在出厂时均调整为手动复位方式，如果需要自动复位，只要将复位螺钉顺时针方向旋转 3～4 圈，并稍微拧紧即可。

⑤ 热继电器在使用中应定期用布擦净尘埃和污垢，若发现双金属片上有锈斑，应用清洁棉布蘸汽油轻轻擦除，切忌用砂纸打磨。

⑥ 热继电器出线端的连接导线，应按表 3-13 的规定选用。导线过细，轴向导热性差，热继电器可能提前动作；反之，导线过粗，轴向导热快，热继电器滞后动作。

表 3-13　热继电器的连接导线规格

热继电器的额定电流/A	连接导线截面积/mm²	连接导线种类
10	2.5	单股铜芯塑料线
20	4	单股铜芯塑料线
60	16	多股铜芯橡皮线

4. 热继电器的选用

① 保护长期工作或间断长期工作的电动机，热继电器的选用　根据电动机的启动时间，选取 $6I_N$ 以下具有相应可返回时间的热继电器；一般取可返回时间为 0.5～0.7 倍的继电器动作时间。一般情况下，按电动机的额定电流选取，使热继电器的整定值为（0.95～1.05）I_N。

② 用热继电器作断相保护时的选用　对星形接法的电动机，选用一般不带断相保护的两相或三相热继电器。对三角形接法的电动机，选用带有断相保护的热继电器。一般情况下选用两相热继电器即可。当电网的相电压均衡性较差，三相负载不平衡，多台电动机功率差别大时，应选用三相热继电器。

③ 保护反复短时工作的电动机时，热继电器的选用　当电动机启动电流为 $6I_N$，启动时间小于 5s，电动机满载工作，通电持续率为 60% 时，每小时允许操作次数不超过 40 次，可选用特殊类型的热继电器。

④ 特殊工作制电动机保护，如正反转及通断密集工作的电动机，可选用埋入电动机绕组的温度继电器或热敏电阻保护。

5. 热继电器的常见故障及处理方法

热继电器的常见故障及处理方法如表 3-14 所示。

表 3-14　热继电器的常见故障及处理方法

故障现象	故障原因	故障处理
热元件烧断	① 线路短路，电流过大 ② 操作太频繁	① 排除短路故障，更换热继电器 ② 更换合适参数的热继电器
热继电器不动作	① 整定值调整太大 ② 常闭触头接触不良 ③ 热元件烧断或脱焊 ④ 推杆脱出	① 根据电机额定电流调整整定值 ② 调整触头接触情况 ③ 更换热继电器 ④ 重新调整推杆
热继电器动作太快	① 整定值太小 ② 电动机启动时间过长 ③ 操作太频繁 ④ 连接导线太细 ⑤ 热继电器处与电动机处环境温差太大	① 根据电机额定电流调整整定值 ② 可在电机启动时，短接热继电器 ③ 更换合适的型号 ④ 更换合适导线 ⑤ 按温差配置合适的热继电器
主电路不通	① 热元件烧断 ② 接线螺钉接触不良	① 更换热元件或热继电器 ② 紧固螺钉
控制电路不通	① 触头烧坏或触头弹簧片弹性消失 ② 热继电器动作后触头未复位 ③ 热继电器常闭触头接成常开触头	① 更换触头或簧片 ② 按下复位按钮 ③ 更换接线触头

七、中间继电器

1. 常见类型

常见中间继电器如图 3-36 所示。

JZC4系列　　　　　　　CR-MX系列　　　　　JZ7-44

图 3-36　常见中间继电器

2. 中间继电器的作用

用于继电保护与自动控制系统中，触点的数量及容量的放大作用。触头的数量较多，可用来控制多个元件或回路。

3. 中间继电器的结构

JZ7 系列中间继电器采用立体布置，由铁芯、衔铁、线圈、触头系统、反作用弹簧和缓冲弹簧等组成。

中间继电器的结构和原理与交流接触器基本相同，与接触器的主要区别在于：接触器的主触头可以通过大电流，而中间继电器的触头只能通过小电流，一般是 5A。所以，它只能用于控制电路中。它一般是没有主触点与辅助触点之分的，没有专门的灭弧罩。

4. 中间继电器的符号、型号及意义

在电气原理图中的符号如图 3-37 所示。

型号及意义如图 3-38 所示。

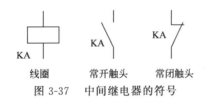 

图 3-37　中间继电器的符号　　　　图 3-38　中间继电器型号及意义

5. 安装与使用

① 安装前应检查继电器的额定电流及整定值是否与实际使用要求相符。继电器的动作部分是否动作灵活、可靠。外罩及壳体是否有损坏或缺件等情况。

② 安装后应在触头不通电的情况下，使吸引线圈通电操作几次，看继电器动作是否可靠。

③ 定期检查继电器各零部件是否有松动及损坏现象，并保持触头的清洁。

任务实施

一、实训工具、仪表及器材

1. 工具

螺钉旋具、尖嘴钳、剥线钳、测电笔等。

2. 仪表

万用表 MF47 型、摇表 5050 型各一块。

3. 器材

开关（HK1 系列、DZ47LE 系列）、熔断器（RL1 系列、RST 系列、RC 系列）、按钮（LA4 系列、LA19 系列）、行程开关（JLXK1 系列、LX19K 系列）、接触器（CJ10 系列、CJX2 系列）、热继电器（JR36 系列、JRS2 系列）时间继电器（JS14A 系列、JS7-A 系列）、中间继电器（JZC4 系列）电流继电器（JL12 系列）。

二、训练步骤

① 仔细观察不同种类、不同系列、不同规格的低压电器的外形和它们的机构特点。

② 老师列出元件清单，从所给低压电器中正确选出清单中的低压电器。

③ 教师从所有低压电器中选出 8 件，用胶布盖住铭牌。由学生写出它们的名称、型号规格、主要参数，填入表 3-15 中。

表 3-15　低压电器的识别

序号	1	2	3	4	5	6	7	8
名称								
型号规格								
主要参数								

④ 用万用表测量它们的常开触头、常闭触头、线圈的阻值，手动实验电器得电情况，再测量触头的阻值，进行比较，理解低压电器的工作情况。

⑤ 用摇表测量低压电器触头间的绝缘电阻值，填入表 3-16 中，判定它们的质量性能。

表 3-16　测量结果

元件名称	万用表测量			
	未得电时		手动模拟得电	
交流接触器	$R_{主触头}=?$	$R_{常开辅助触头}=?$	$R_{主触头}=?$	$R_{常开辅助触头}=?$
	$R_{线圈}=?$	$R_{常闭辅助触头}=?$	$R_{线圈}=?$	$R_{常闭辅助触头}=?$
热继电器	$R_{热元件}=?$	$R_{常闭触头}=?$		$R_{常开触头}=?$
时间继电器	$R_{线圈}=?$	$R_{常闭触头}=?$		$R_{常开触头}=?$
	摇表测量绝缘电阻			
断路器	$R_{L1,L2}=?$	$R_{L1,L3}=?$		$R_{L2,L3}=?$
交流接触器	$R_{U1,V1}=?$	$R_{U1,W1}=?$		$R_{V1,W1}=?$

三、注意事项

① 实习训练过程中，注意工具的正确使用，不得损坏低压电器。

② 在使用摇表、万用表时要注意安全，防止摇表伤人。

③ 可以利用网络去认识课本中没有学习的其他低压电器。

④ 注意安全，要文明生产。

四、评分标准

具体评分标准见表 3-17 所示。

表 3-17　评分标准

实训内容	配分	评分标准		扣分	得分
根据元件清单选取实物	30 分	选错或漏选，每件	扣 5 分		
根据元件实物填写表 3-15	50 分	① 名称写错，每件	扣 3 分		
		② 型号写错，每件	扣 3 分		
		③ 规格写错，每件	扣 3 分		
		④ 参数写错，每件	扣 3 分		
万用表测量触头、线圈阻值，摇表测相间绝缘电阻	20 分	① 万用表使用不正确	扣 10 分		
		② 摇表使用不正确	扣 10 分		
安全文明生产		违反安全文明生产规程	扣 5~40 分		

任务评价

低压电器的任务评价见表 3-18 所示。

表 3-18　低压电器识别自评互评表

班级		姓名		学号		组别	
项　目	考核内容		配分	评分标准		自评	互评
选取元件	① 认识元件名称 ② 根据型号选取正确		30 分	① 不能认识低压电器每件　扣 5 分 ② 不能正确选取每件　扣 5 分			
填写元件识别表	填写 8 种低压电器的型号规格及主要参数		50 分	① 名称写错，每件　扣 3 分 ② 型号写错，每件　扣 3 分 ③ 规格写错，每件　扣 3 分 ④ 参数写错，每件　扣 3 分			
仪表使用正确	① 万用表使用正确 ② 摇表使用正确		10 分 10 分	① 万用表使用不正确　扣 10 分 ② 摇表使用不正确　扣 10 分			

拓展练习

① 写出下列图形符号表示的电器（或部件）的名称和文字符号。

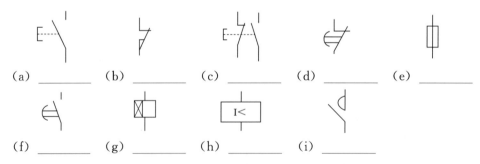

(a) _____　　(b) _____　　(c) _____　　(d) _____　　(e) _____

(f) _____　　(g) _____　　(h) _____　　(i) _____

② 利用网络认识 10 种低压电器，写出其型号、规格、符号及作用。

③ 某机床主轴电动机的型号为 Y132S-4，额定功率为 5.5kW，电压 380V，电流 11.6A，定子绕组采用△接法，启动电流为额定电流的 6.5 倍。若用空气开关作电源开关，用按钮、接触器控制电动机运行，并需要有短路保护和过载保护。试选择所用的空气开关、按钮、接触器、熔断器及热继电器的型号和规格。

知识拓展

一、继电器

继电器是一种根据输入信号（电量或非电量）的变化，接通或断开小电流电路，实现自动控制和保护电力拖动装置的电器。它具有触头分断能力小、结构简单、体积小、重量轻、反应灵敏、动作准确、工作可靠等特点。

继电器主要由感测机构、中间机构和执行机构三部分组成。感测机构把感测到的电流、电压、速度、压力、时间等信号传递给中间机构，并将它与预定值（整定值）相比较当达到预定值时，中间机构变使执行机构动作，从而接通或断开线路。

二、电流继电器

电流继电器是反映输入量为电流的继电器。使用时，其线圈串接在被测电路中，根据通过线圈电流值的大小而动作。为使串入电流继电器线圈后不影响电路的正常工作，电流继电器线圈的匝数要少，导线要粗，阻抗要小。

电流继电器分为过电流继电器和欠电流继电器两种，它们在原理图中的符号如图 3-39 所示。

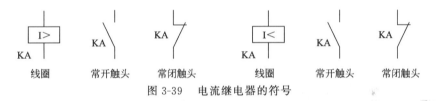

| 线圈 | 常开触头 | 常闭触头 | 线圈 | 常开触头 | 常闭触头 |

图 3-39 电流继电器的符号

常见的几种电流继电器如图 3-40 所示。

图 3-40 常见的电流继电器

三、电压继电器

反映输入量为电压的继电器叫电压继电器。使用时电压继电器的线圈并联在被测量的电路中，根据线圈两端电压的大小而接通或断开电路，因此这种继电器线圈的导线细、匝数多，阻抗大。

根据实际应用的要求，电压继电器分为过电压继电器、欠电压继电器和零电压继电器。过电压继电器是当电压大于其整定值时动作的电压继电器，主要用于对电路或设备作过电压的保护，常用的是 JT4-A 系列；欠电压继电器是当电压降至某一规定范围时动作的电压继电器；零压继电器是欠电压继电器的一种特殊形式，是当继电器的端电压降至或接近消失时才动作的电压继电器。其符号如图 3-41 所示。

常见电压继电器如图 3-42 所示。

过电压线圈	欠电压线圈	常闭触头	常开触头

图 3-41　电压继电器的符号

JSZD-1A 直流电压继电器　　NDY-9-21 继电器　　JY-45 系列继电器　　JY-3 电压继电器

图 3-42　常见的电压继电器

项目四
电动机控制线路的安装与检修

知识目标

① 识读原理图、接线图、布置图；
② 掌握电动机基本控制线路的构成；
③ 掌握电动机基本控制线路的工作原理；
④ 掌握电动机基本控制线路故障检修的方法步骤。

技能目标

① 能根据原理图进行电动机控制线路的安装与调试；
② 对电动机控制线路中出现的故障进行检修；
③ 能对每个任务中设置的线路故障进行正确安全地排除。

项目概述

　　在生产实践中，各种生产机械的工作性质和加工工艺不同，它们对电动机的控制要求也不同。本项目的任务就是学习电动机的基本控制线路，包括电动机的点动控制、正转控制、正反转控制、位置控制、降压启动控制、能耗制动控制及多速电机的控制，任何复杂的机床控制线路都是由这些基本的控制线路组成。这些电动机的基本控制单元是掌握生产设备的复杂电气控制线路的基础。

任务一 ▷▷▷
电动机点动与连续控制电路安装

任务描述

　　一般生产设备在正常工作时，电动机采用连续运行的工作方式，但有些设备在试车或调整工作状态时要用点动的控制方式，实现这种工艺要求的线路是需要电动机点动与连续混合止转控制线路。对这个线路能进行正确地安装和调试。

任务分析

学习掌握点动与连续控制线路的工作原理；线路安装的工艺要求；低压电器元件的检测。根据点动与连续混合控制线路原理图进行正确地安装。

知识准备

一、概念

1. 点动控制

按下按钮，电动机就得电运转；松开按钮，电动机就失电停转。这种控制方法常用于电动葫芦的起重电动机控制和车床拖板箱快速移动电动机的控制。在其他机床比如：CA6140型卧式车床、钻床的控制中也存在电动机点动控制的环节。如图 4-1 所示。

2. 自锁

当松开启动按钮 SB2 后，接触器 KM 线圈通过自身的常开辅助触点而使线圈保持得电的作用叫自锁。

自锁触头：与启动按钮 SB2 并联的接触器的常开辅助触点。

作用：自锁保证了在松开按钮后，接触器线圈还能继续得电，实现电动机连续运转。如图 4-2 所示。

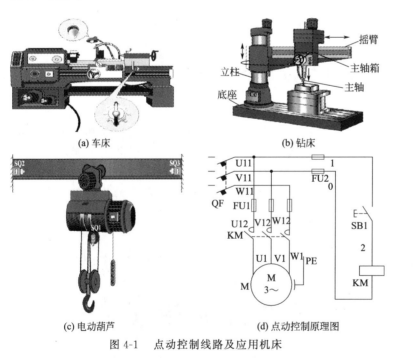

(a) 车床　　(b) 钻床

(c) 电动葫芦　　(d) 点动控制原理图

图 4-1　点动控制线路及应用机床

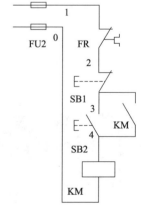

图 4-2　自锁线路

3. 电路图

（1）概念

电路图是生产机械运动形式对电气控制系统的要求，采用国家统一规定的电气图形符号和文字符号，按照电气设备和电器的工作顺序，详细表示电路、设备或成套装置的全部基本组成和连接关系，而不考虑其实际位置的一种简图。

（2）绘制、识读电路图时应遵循的原则

① 电路图一般分为电源电路、主电路和辅助电路三部分。主电路是指受电的动力装置及控制、保护电器的支路等，它由主熔断器、接触器的主触头、热继电器的热元件及电动机等组成。辅助电路一般包括控制主电路工作状态的控制电路，显示主电路工作状态的指示电路，提供机床设备局部照明的照明电路。辅助电路通过的电流都较小，一般不超过5A。

② 电路图中各电器的触头位置都按未通电的常态位置画出；电路图中不画各电器元件的外形图，而采用国家统一规定的电器图形符号画出；同一电器的各元件不按它们的实际位置画在一起，而使按其在线路中所起的作用画在不同电路中，但它们的动作是相互关联的，因此必须标注相同的文字符号。

③ 电路图采用电路编号法，即对电路中的各个接点用字母或数字编号。编号原则是从上到下，从左到右的顺序，每经过一个电器元件，编号就递增。主电路用U11、V11、W11⋯；控制电路编号的起始数字是1，照明电路编号从101开始，指示电路编号从201开始等。

4. 接线图

（1）概念

接线图是根据电气设备和电器元件的实际位置和安装情况绘制的，只用来表示电气设备和电器元件的位置、配线方式和接线方式，而不明显表示电气动作原理。主要用于安装接线，线路的检查维修和故障处理。

（2）绘制、识读接线图应遵循的原则

① 接线图中一般示出如下内容：电气设备和电器元件的相对位置、文字符号、端子号、导线号、导线类型、导线截面积、屏蔽和导线绞合等。

② 凡走向相同的导线可以合并，用线束来表示，到达接线端子时再分开画出，根数和规格应标注清楚。

5. 布置图

布置图是根据电器元件在控制板上的实际安装位置，采用简化的外形符号（如正方形、矩形、圆形等）而绘制的一种简图。它不表达各电器的具体结构、作用、接线情况以及工作原理，主要用于电器元件的布置和安装。图中各电器的文字符号必须与电路图和接线图的标注一致。

二、点动与连续控制线路原理图

分析：按下SB2，实现连续运行；按下SB3时，实现点动控制，SB3的常闭触点先切断自锁回路，SB3的常开触点后闭合接通KM回路。如图4-3所示。

三、工作原理分析

首先合上电源开关QF。

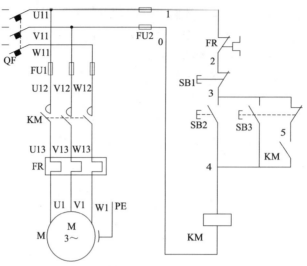

图 4-3　点动与连续混合正转控制电路图

1. 连续控制

启动：
按下SB2 → KM线圈得电
→ KM主触头闭合
→ KM自锁触头闭合
→ 电动机得电连续运行

停止：按下SB1 → KM线圈失电 → KM的触点复位 → 电动机失电停转

2. 点动控制

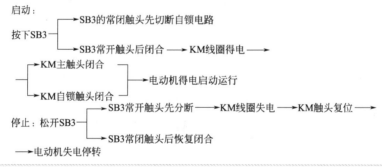

启动：
按下SB3
→ SB3的常闭触头先切断自锁电路
→ SB3常开触头后闭合 → KM线圈得电 →

→ KM主触头闭合
→ KM自锁触头闭合
→ 电动机得电启动运行

停止：松开SB3
→ SB3常开触头先分断 → KM线圈失电 → KM触头复位 →
→ SB3常闭触头后恢复闭合
→ 电动机失电停转

任务实施

一、实施工具、仪表及器材

1. 工具

电工常用工具：螺钉旋具、尖嘴钳、剥线钳、测电笔、斜口钳等，如图 4-4 所示。

图 4-4　常用工具

2. 仪表

万用表 MF47 型、摇表 5050 型各一块、T301-A 形钳形电流表，如图 4-5 所示。

图 4-5 常用仪表

3. 器材

网孔板一块、导线若干、走线槽若干、针形及叉形扎头、编码套管等

4. 电器元件

具体电器元件如表 4-1 所示。其外形图如图 4-6 所示。

表 4-1 电器元件

代号	名称	型号	规格	数量
M	三相异步电动机	Y112M-4	4kW、380V、Y 接法、8.8A 1440r/min	1
QF	断路器	DZ47-60 D15	15A	1
FU1	熔断器	RT18-32/20	500V 32A 配熔体 20A	3
FU2	熔断器	RT18-32/2	500V 32A 配熔体 2A	2
KM	交流接触器	CJX2-10	10A 线圈电压 380V	1
FR	热继电器	JR16-20/3	三级 20A 整定电流 8.8A	1
SB1～SB3	按钮	LA4-3H	保护式 380V、5A、按钮数 3	1
XT	端子板	JX2-1015	380V、10A、15 节	1

断路器　　　熔断器　　　交流接触器　　　按钮
DZ47-60 D15　　RT18-32/2　　CJX2-10　　LA4-3H

热继电器　　型号：Y112M-4
JR36-20/3　　4kW 380V 8.8A
　　　　　　三相异步电动机

图 4-6 低压电器元件

二、安装步骤和工艺要求

1. 识读点动与连续控制线路

明确线路所用电器元件及作用，熟悉线路的工作原理。

2. 按表 4-1 配齐所用电器元件并进行检验

① 电器元件的技术数据（如型号、规格、额定电压、额定电流等）应完整并符合要求，外观无损伤，备件、附件齐全完好。

② 电器元件的电磁机构动作是否灵活，有无衔铁卡阻等不正常现象。用万用表检查电磁线圈的通断情况以及各触头的分合情况。

③ 接触器线圈额定电压与电源电压是否一致。

④ 对电动机的质量进行常规检查。

3. 电器布置图及工艺要求

按照如图 4-7 所示进行元件安装，并贴上醒目的文字符号。工艺要求如下：

① 断路器、熔断器的受电端在外侧。

② 各元件的安装位置应整齐、匀称、间距合理，便于元件更换。

③ 网孔板上的导轨及线槽安排要合理、牢固。

4. 工艺要求及接线图

（1）工艺要求见效果图 4-8 所示。

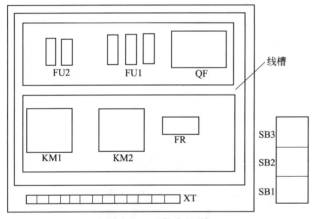

图 4-7　元件布置图

图 4-8　槽配线工艺效果图

① 布线时严禁损伤线芯和导线绝缘。

② 导线与接线端子或接线桩连接时，不得压绝缘层、不反圈及不露铜过长。

③ 一个电器元件接线端子上的连接导线不得多于两根，每节接线端子板上的连接导线一般只允许连接一根。

④ 在电器元件中心线以上的接线端子的线垂直进入元件上面的线槽，中心线以下的线垂直进入元件下面的线槽，然后再顺槽变换走向。

⑤ 在每根剥去绝缘层导线的两端套上与电路图上相应接点线号一致的编码套管，并按线号进行连接，连接牢固，从一个接线桩到另一个接线桩的导线中间无接头。

⑥ 当接线端子不适合连接软线或不适合连接较小截面积的软线时，可以在导线端头穿上针形或叉形轧头并压紧。

⑦ 进入走线槽内的导线应尽量避免交叉，装线不得超过其容量的 70%，以便于能盖上线槽盖和以后的装配及维修。

（2）按图 4-9 所示接线图进行槽配线和套编码套管

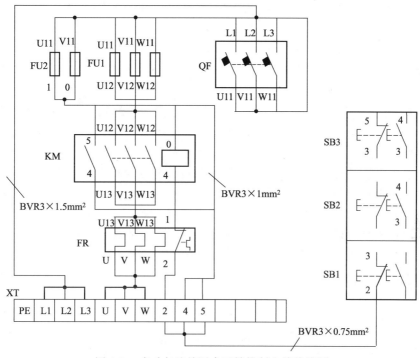

图 4-9 点动与连续混合正转控制电路接线图

① 根据电动机的容量选配主电路导线的截面，控制电路一般用 BVR1mm² 的铜芯线（红色）；按钮线一般用 BVR0.75mm² 的铜芯线（红色）；接地线一般采用黄绿双色 BVR 铜芯线，其截面积不小于 1.5mm²。导线截面积与载流量见表 4-2 所示。

表 4-2 导线选择

导线截面积/mm²	1	1.5	2.5	4	6	10	16	25	35 及以上
最大允许电流/A	9	14	28	35	48	65	91	120	5A/mm²

② 根据接线图布线，并在剥去绝缘层的两端线头上套上与电路图编号一致的编码套管。

5. 根据电路图检查控制板布线的正确性

6. 安装设备及配线

安装电动机：连接接地线、电源线、电动机线。

7. 自检

万用表电阻挡 R×100，两表棒放在 FU2 的进线端。

① 用万用表检测线路是否短路或断路。

② 检测点动回路：

$$R=\infty \longrightarrow 按下\ SB2 \longrightarrow R=R_{线圈} \longrightarrow 再按下\ SB1 \longrightarrow R=\infty$$

③ 检测连续回路

$$R=\infty \longrightarrow 按下\ SB3 \longrightarrow R=R_{线圈} \longrightarrow 再按下\ SB1 \longrightarrow R=\infty$$

④ 检测自锁回路：手动按下接触器 KM，结果同上。

8. 通电试车

① 通电试车时，要遵守停送电规程：送电时先合上隔离开关，再合负荷开关；断电时顺序相反。要遵守安全操作规程：一人监护，一人操作。

② 教师同意送电后，合上 QF，先用万用表交流电压挡 500V 测量 L_1-L_2、L_1-L_3 之间的电压是否是 380V；或用电笔测量熔断器 FV_1 的进线、出线是否有电，控制线路的熔断器 FV_2 的两端是否有电，判定控制线路电压是否正常。

9. 文明生产

文明生产是安全常识中一项非常重要的内容，它影响着电工工具的使用及操作技能的发挥，更影响着设备及人身的安全。维修电工作为特殊工种操作者，一定要在入门操作实训时养成安全文明生产的习惯。必须做到以下几个方面。

① 实习时，必须穿工作服和绝缘鞋。必要时戴安全帽。

② 操作时，电工工具应装入工具袋和工具包内，并随身携带。公用工具应放入专用的箱内，以及放置到老师指定的地点。

③ 导线和各种电器应放在规定的位置，排列整齐平稳，便于取放。

④ 下课前，应清扫实习场地，清除的废导线和旧电器应堆放在指定地点。

⑤ 用电时一定报告老师；离开时一定断开电源。

任务评价

任务评价见表 4-3 所示。

表 4-3　线路安装与故障排除自评互评表

班级			姓名		学号		组别	
项　目	考核内容		配分	评分标准			自评	互评
元件准备及检测	① 电器元件选择正确 ② 正确进行元件检测		40 分	① 元件选错 每件扣 5 分 ② 不会测量元件质量每处扣 5 分				
线路安装	① 正确连接线路 ② 对出现的故障能排除		50 分	① 不能正确根据原理图接线 每处扣 5 分 ② 不能一次通电成功扣 10 分				
安全文明	遵守操作规程		10 分	不遵守操作规程扣 10 分				

拓展练习

设计画出一个用手动开关控制电动机实现既可点动控制又能连续运行的原理图。线路要求有短路保护、过载保护、欠压和失压的保护。

任务二 ▷▷▷

电动机点动与连续控制电路维修

任务描述

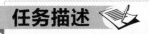

电气设备在运行的过程中，由于各种原因难免会产生各种故障，致使工业机械不能正常工

作，不但影响生产效率，严重时还会造成人身设备事故。因此，电气设备发生故障后，维修电工能够及时、熟练、准确、迅速、安全地查出故障，并加以排除，尽早恢复工业机械正常运行，是非常重要的。

任务分析

学习掌握电动机控制线路故障的检修步骤与方法；能根据点动与连续控制线路的工作原理分析出线路的故障范围；通过正确的方法排除线路中出现的故障；最后熟练排除对本线路设置的六个故障。

知识准备

一、电动机控制线路故障检修的方法和步骤

1. 用试验法观察故障现象并初步判定故障范围

在不扩大故障范围，不损伤电气和机械设备的条件下，对线路进行通电试验，通过观察电气设备和电器元件的动作是否正常，各控制环节的动作程序是否符合要求，初步确定故障发生的大致部位或回路。具体操作如图4-10所示。

2. 用逻辑分析法缩小故障范围

根据电气控制线路工作原理和控制环节的动作顺序以及它们之间的联系，结合故障现象作具体分析，迅速缩小检查范围，然后判断故障所在。

3. 用测量法确定故障点

利用校验灯、试电笔、万用表、蜂鸣器、示波器等电工工具对电路进行带电或断电测量。这是找到故障点的有效方法，常用的有电压测量法和电阻测量法。

① 电压测量法　测量时把万用表的转换开关置于交流电压500V的挡位上，然后按图4-11所示的方法进行测量。

图4-10　通电实验观察故障现象

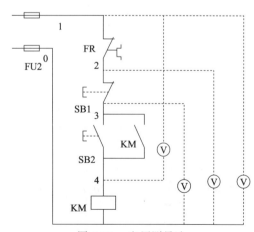

图4-11　电压测量法

接通电源若按下SB2，接触器KM不吸合，则说明控制线路有故障。检测时，根据图4-11所示，先用万用表测量0和1两点之间的电压，若电压为380V，则说明控制电路的电源电压正常。然后把黑表棒接在0点上，红表棒依次接到2和3上，若0-2、0-3两点间的电

压均为 380V，则再测 1-4 之间的电压，根据测量结果即可找出故障点，见下表 4-4 所示 。表中符号"X"不需再测量。

表 4-4　电压测量法查找故障点

故障现象	0-2	0-3	1-4	故障点
按下 SB2 时，接触器 KM 不吸合	0	X	X	FR 常闭触点接触不良
	380V	0	X	SB1 常闭触头接触不良
	380V	380V	0	KM 线圈断路
	380V	380V	380V	SB2 接触不良

② 电阻测量法　测量时，首先把万用表的转换开关置于电阻挡上（一般选 RX100 的挡位上）然后按图 4-12 所示的方法进行测量。

接通电源，若按下 SB2，接触器 KM 不吸合，则说明控制线路有故障。

检测时，首先切断电源，根据图 4-12 所示，用万用表依次测出 1-2、1-3、0-4 各两点间的电阻值。根据测量结果即可找出故障点。见下表 4-5 所示。

表 4-5　电阻测量法查找故障点

故障现象	1-2	1-3	0-4	故障点
按下 SB2 时，接触器 KM 不吸合	∞	X	X	FR 的常闭触头接触不良
	0	∞	X	SB1 常闭触头接触不良
	0	0	∞	KM 线圈断路
	0	0	R	SB2 接触不良

4. 排除故障

根据故障点的不同情况，采用正确的检修方法排除故障。如图 4-13 所示。

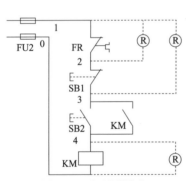

图 4-12　电阻测量法

图 4-13　正确的方法排除故障

5. 检修完毕通电试车

切断电源重新连接好电机的负载线，在教师同意并监护下，通电观察线路和电机的运行情况，检验合格后电动机正常运行。

二、排除人为故障

排除图 4-13 所示电动机点动与连续控制线路中人为设置的两个电气故障。

1. 故障设置

在控制电路和主电路各设置一处故障。

2. 故障检修步骤和方法

控制电路通电检查时，一般先查控制电路，后检查主电路。

控制电路：

① 用实验法观察故障现象：先合上电源开关 QF，然后按下 SB2 或 SB3 时，KM 均不吸合。

② 用逻辑分析法判定故障范围：根据故障现象（KM 不吸合），结合电路图，可初步确定故障点可能在控制电路的公共支路上。

③ 用测量法确定故障点：采用电压分阶测量法如图 4-14 所示。

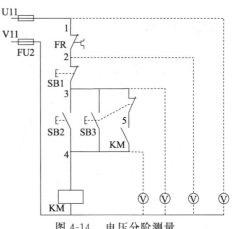

图 4-14　电压分阶测量

主电路：

先合上电源开关 QF，万用表置于交流电压挡 500V，一人按下 SB2 不放，另一人把黑表棒接到 0 上，红表棒依次接 1、2、3、4 各点，分别测量 0-1、0-2、0-3、0-4 各阶之间的电压值，对照表 4-6 所列内容，根据其测量结果即可找出故障点。

表 4-6　测量结果与故障点对照

故障现象	测试状态	0-1	0-2	0-3	0-4	故障点
按下 SB2 或 SB3，KM 不吸合	按下 SB2 不放	0	0	0		FU2 熔断
		380V	0	0	0	FR 常闭触点接触不良
		380V	380V	0	0	SB1 接触不良
		380V	380V	380V	0	SB2 接触不良
		380V	380V	380V	380V	KM 线圈断路

3. 故障排除

根据故障点的情况，采取正确的检修方法，排除故障。

① FU2 熔断，查明熔断的原因，排除故障后更换相同规格的熔体。

② FR 常闭触点接触不良，按下复位按钮测量，若不能复位，可更换同型号的热继电器，并调整好其整定电流值。

③ SB1 接触不良，更换按钮 SB1。

④ SB2 接触不良，更换按钮 SB2。

⑤ KM 线圈断路，更换相同规格的线圈或接触器。

三、注意事项

① 在实际维修工作中，出现的故障不是千篇一律的，同一故障现象，故障部位也不相同，不能机械模仿上述方法步骤，应根据不同的情况灵活运用，妥善处理。

② 在排除故障的过程中，分析思路和排除方法一定要正确。

③ 用电笔测量故障回路时，必须确定验电笔良好，并符合使用要求。

④ 不能随意更改线路或触摸带电器元件。

⑤ 仪表使用要正确，以免引起错误判断。

⑥ 带电检测故障时，必须有教师在现场监护，确保用电文明安全。

任务实施

一、工具与仪表

① 工具：测电笔、螺钉旋具、尖嘴钳、斜口钳、剥线钳、电工刀等。
② 仪表：5050 型兆欧表、T301-A 型钳形电流表、MF47 型万用表。

二、故障设置

设置六个故障，根据上步骤方法进行练习，并填写表 4-7 中。

表 4-7　故障及结果

序号	设置故障	故障现象	诊断方法及排除
1	FR 常闭触点接触不良		
2	控制电路 FU2 熔断一个		
3	接触器 KM 线圈接触不良		
4	接触器 KM 自锁触点接触不良		
5	主电路 FU1 熔断一个		
6	启动按钮 SB3 的常闭接触不良		

三、注意事项

① 检修前要掌握电路图中各个控制环节的作用和原理，并熟悉电动机的接线方法。
② 在检修过程中严禁扩大和出现新的故障，否则，要立即停止检修。
③ 不能随意更改线路和触摸带电电器元件。
④ 检修思路和方法要正确。
⑤ 带电检修故障时，必须有指导教师在现场监护，并要确保用电安全。
⑥ 仪表使用要正确，以避免引起错误判断。

任务评价

任务评价见表 4-8 所示。

表 4-8　线路故障检修自评互评表

班级		姓名		学号		组别			
项　目	考核内容		配分	评分标准				自评	互评
找出故障范围	① 正确描述故障现象 ② 能正确确定故障范围		40 分	① 不能正确描述故障现象 ② 不能正确找出故障范围		每个扣 5 分 每处扣 5 分			
故障排除	① 能正确进行测量 ② 能排除故障点		50 分	① 不能正确测量 ② 一个故障不能排除		扣 10 分 扣 10 分			
安全文明生产	遵守安全操作规程		10 分	不遵守安全操作规程扣 10 分					

拓展练习

试分析图 4-15 所示的控制线路能否满足以下控制和保护要求：① 能实现点动控制；

②能实现单独的启动和停止；③具有短路、过载、欠压和失压保护。若线路不能满足以上要求，试加以改正，并说明改正的原因。

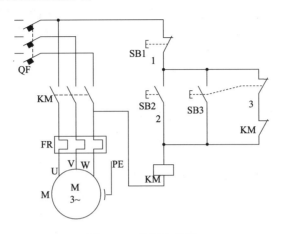

图 4-15　控制电路图

任务三 ▷▷▷▷

三相异步电动机正反转控制电路的安装与维修

任务描述

　　电动机的正转控制只能使电动机朝一个方向旋转，带动生产机械的运动部件朝一个方向运动。但许多生产机械往往要求运动部件能向正反两个方向运动。如机床工作台的前进与后退；万能铣床主轴的正转与反转；起重机的上升与下降等，这些生产机械要求电动机能实现正反转控制。

任务分析

　　要实现生产机械两个方向的运动，必须由电动机的正反转拖动来实现。这就要求掌握电动机正反转控制线路的工作原理；能进行电动机正反转控制线路的安装，了解安装的工艺要求；同时对电动机正反转控制线路的常见故障会分析和排除，掌握线路的故障检修步骤；了解常见的电动机正反转控制的三种不同特点的线路。

知识准备

一、倒顺开关控制正反转电路图

　　万能铣床主轴电动机的正反转控制就是采用倒顺开关来实现的。倒顺开关正反转控制电路如图 4-16 所示。

　　线路的工作原理如下：操作倒顺开关 QS，当手柄处于"停"位置时，QS 的动、静触

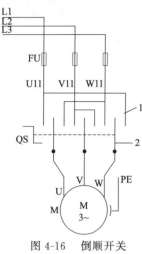

图 4-16 倒顺开关
正反转控制

1—静触头；2—动触头

头不接触，电路不通，电动机不转；当手柄扳至"顺"位置时，QS 的动触头和左边的静触头相接触，电路按 L1—U、L2—V、L3—W 接通，输入电动机定子绕组的电源相序为 L1-L2-L3，电动机正转；当手柄扳至"倒"位置时，QS 的动触头和右边的静触头相接触，电源按 L1—W、L2—V、L3—U 接通，输入电动机定子绕组的电源相序变为 L3-L2-L1，电动机反转。

必须注意的是当电动机处于正转状态时，要使它反转，应先把手柄扳到"停"的位置，使电机先停转，然后再把扳手扳到"倒"的位置，使它反转。若直接把手柄由"顺"扳至"倒"的位置，电动机的定子绕组会因为电源突然反接而产生很大的反接电流，易使电动机定子绕组因过热而损坏。

当改变通入电动机定子绕组的三相电源相序，即把接入电动机三相电源进线中的任意两相对调接线时，电动机就可以反转。如图 4-17 所示。

HY23系列倒顺开关

HY2系列倒顺开关

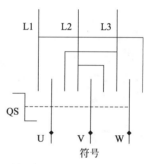

符号

图 4-17 倒顺开关及符号

二、接触器联锁正反转控制线路

在实际生产中常用按钮、接触器来控制电动机的正反转。如图 4-18 所示，用接触器

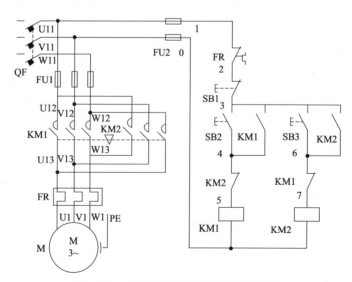

图 4-18 接触器联锁正反转控制电路图

KM1 控制电机正转，用 KM2 控制电机反转。分析主电路，两个接触器的主触头所接通的电源相序不同，KM1 按 L1-L2-L3 相序接线，KM2 则按 L3-L2-L1 相序接线。分析控制电路，正转控制的回路由按钮 SB2 和 KM1 线圈组成；反转线路是由按钮 SB3 和 KM2 线圈组成。

线路工作原理：合上电源开关 QF 进行如下操作。

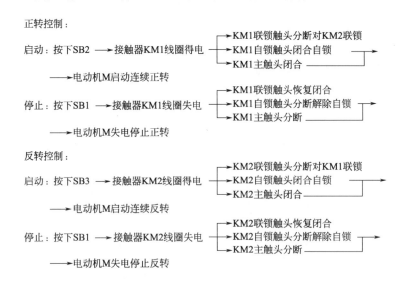

必须指出，接触器 KM1 和 KM2 的主触头绝不允许同时闭合，否则将造成两相电源（L1 相和 L3 相）短路事故。为避免两个接触器同时得电动作，在正反转控制电路中分别串接了对方接触器的一对辅助常闭触头。

接触器联锁（或互锁）：当一个接触器动作时，通过其辅助常闭触头使另一个接触器不能得电动作，接触器之间这种相互制约的作用叫做接触器联锁。实现联锁作用的辅助常闭触头称为联锁触头，联锁用符号"▽"表示。

该线路的优缺点：优点是安全可靠；缺点是操作不方便，当电机从正转变为反转时，必须先按下停止按钮，再按反转的启动按钮，否则由于接触器的联锁作用，不能实现反转。

三、按钮联锁的正反转控制线路

按钮联锁的正反转控制线路克服了接触器联锁正反装控制线路操作不便的缺点，可使用两个复合按钮 SB2 和 SB3，它们的常开触点分别作为电动机正转和反转的启动按钮；而把它们的常闭触点分别串接在电机反转和正转的控制回路上，起到联锁保护的作用。原理图如图 4-19 所示。

自己分析线路工作原理。

四、接触器、按钮双重联锁正反转控制线路

把正转启动按钮 SB2 和反转启动按钮 SB3 换成两个复合按钮，并把两个复合按钮的常闭触头也串接在对方的控制线路中，就构成如图 4-20 所示接触器、按钮双重联锁正反转控制线路，就能克服图 4-19 中操作不方便的缺点，也非常安全可靠。

自己分析线路工作原理。

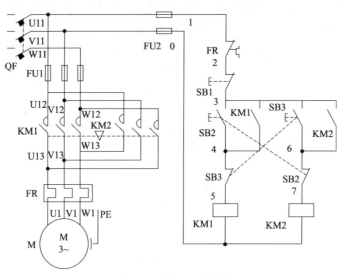

图 4-19　按钮联锁的正反转控制电路图

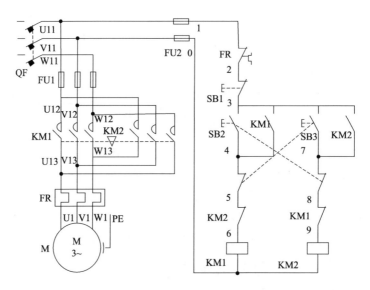

图 4-20　接触器、按钮双重联锁正反转控制电路图

任务实施

工具、仪表及器材：

根据三相异步电动机的技术数据及图 4-18 所示正反转控制线路的电路图，选用工具、仪表及器材，并填入表 4-9 和表 4-10 中。

表 4-9　工具及仪表

电动常用工具	
线路安装工具	
仪表	

表 4-10 器材明细表

代号	名称	型 号	规 格	数量
M		三相笼型异步电动机	Y112M-44kW、380V、8.8A、Y接法、1440r/min	
QF				
FU1				
FU2				
KM1　KM2				
FR				
SB1-SB3				
XT				
	主电路导线			
	控制电路导线			
	按钮线			
	接地线			
	电动机引线			
	控制板			
	编码套管			

电动机正反转控制线路的安装：

一、配齐并检查元件质量

根据表 4-10 配齐元件，并根据上课题的要求检查元器件质量。

① 电器元件的技术数据（如型号、规格、额定电压、额定电流等）应完整并符合要求，外观无损伤，备件、附件齐全完好。

② 电器元件的电磁机构动作是否灵活，有无衔铁卡阻等不正常现象。用万用表检查电磁线圈的通断情况以及各触头的分合情况。

③ 接触器线圈额定电压与电源电压是否一致。

④ 对电动机的质量进行常规检查。

二、布置元件

在控制板上按布置图如图 4-21 所示安装电器元件，并贴上醒目的文字符号。其工艺要求为以下几个方面。

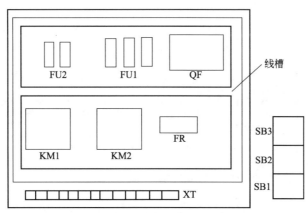

图 4-21 接触器联锁正反转电器元件布置图

① 断路器、熔断器的受电端在外侧。

② 各元件的安装位置应整齐、匀称、间距合理,便于元件更换。

③ 网孔板上的导轨及线槽安排要合理、牢固。

三、配线

按接线图 4-22 所示的走线方法进行槽配线和套编码套管;工艺要求如下。

① 布线时严禁损伤线芯和导线绝缘。

② 导线与接线端子或接线桩连接时,不得压绝缘层,不反圈及不露铜过长。

③ 一个电器元件接线端子上的连接导线不得多于两根,每节接线端子板上的连接导线一般只允许连接一根。

④ 在电器元件中心线以上的接线端子的线垂直进入元件上面的线槽,中心线以下的线垂直进入元件下面的线槽,然后再顺槽变换走向。

⑤ 在每根剥去绝缘层导线的两端套上与电路图上相应接点线号一致的编码套管,并按线号进行连接,连接牢固,从一个接线桩到另一个接线桩的导线中间应无接头。

⑥ 当接线端子不适合连接软线或不适合连接较小截面积的软线时,可以在导线端头穿上针形或叉形轧头并压紧。

⑦ 进入走线槽内的导线应尽量避免交叉,装线不得超过其容量的 70%,以便于能盖上线槽盖和以后的装配及维修。

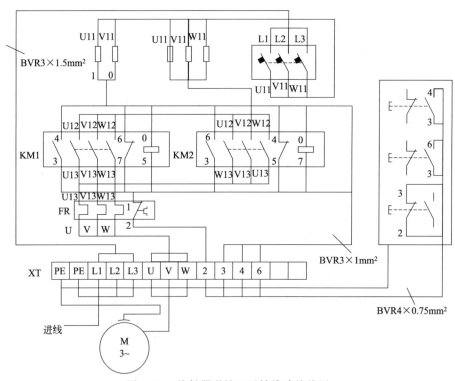

图 4-22　接触器联锁正反转线路接线图

四、根据电路图检查控制板布线的正确性

五、安装设备及配线

安装电动机;连接接地线、电源线、电动机线。

先连接电动机和按钮金属外壳的保护接地线，然后连接电动机外部的导线，最后连接电源线。如图 4-23 所示。配电盘内接线如图 4-24 所示。

图 4-23　连接电机线

图 4-24　配电盘实物图

六、自检

安装完毕，必须经过认真检查以后，才允许通电试车。

1. 接线质量的检查

逐段核对接线及接线端子处线号是否正确，有无漏接、错接之处。检查导线接点是否符合要求，压接是否牢固。接触应良好，以免带负载运行时产生闪弧现象。

2. 用万用表检测线路是否短路或断路

① 万用表电阻挡 Rx100（因为接触器线圈电阻大约是几百欧到一千多欧），两表棒放在 FU2 的进线端。

② 检测正转 KM1 回路：

$$R=\infty \longrightarrow 按下 SB2 \longrightarrow R=R_{线圈} \longrightarrow 再按下 SB1 \longrightarrow R=\infty$$

③ 检测反转 KM2 回路：

$$R=\infty \longrightarrow 按下 SB3 \longrightarrow R=R_{线圈} \longrightarrow 再按下 SB1 \longrightarrow R=\infty$$

④ 检测自锁回路：手动让接触器 KM1 吸合，结果同上 2。手动让接触器 KM2 吸合，结果同上③。

3. 检查线路绝缘电阻

用兆欧表检查检查线路的绝缘电阻应不得小于 1MΩ。

七、交验

八、通电试车

通电试车时，要认真执行安全操作规程的有关规定，一人监护，一人操作。试车前应检查与通电试车有关的电气设备是否有不安全的因素存在，若查出应立即整改，然后方能试车。

① 通电试车前，必须得到教师同意，并由教师接通三相电源 L1、L2、L3，同时在现场监护。学生合上电源开关 QF 后，用测电笔检查熔断器出线端氖管亮说明电源接通。按下 SB2 或 SB3，观察接触器情况是否正常，是否符合线路功能要求；观察电器元件动作是否灵活，有无卡阻及噪声过大等现象；观察电动机运行是否正常等，但不得对线路接线进行带电检查。观察过程中，若有异常现象应马上停车。当电机运转平稳后，用钳形电流表测量三相电流是否平衡。

② 试车成功率以通电后第一次按下按钮时计算。

③ 出现故障后，学生应独立进行检修。若需带电进行检查时，教师必须在现场监护。检修完毕，如需再次试车，也应有教师监护，并做好时间记录。

④ 通电试车完毕，停转，切断电源。先拆除三相电源线，再拆除电动机线。

九、注意事项

① 电动机及按钮的金属外壳必须可靠接地。接至电动机的导线必须穿在导线通道内加以保护，或采用坚韧的四芯橡皮线或塑料护套线临时通电校验。

② 接触器联锁触头接线必须正确，否则将容易造成主电路中两相电源短路事故；两个接触器主触头接线一定换相，否则电动机只有一个旋转方向。

③ 电源进线应接在螺旋式熔断器的下接线柱上，出线应接在上接线座上。

④ 按钮内接线时，用力不可过猛，以防螺钉打滑。

⑤ 训练应在规定额定时间内完成。

十、文明生产

十一、评分标准

见表 4-11 所示。

表 4-11　评分标准

项目内容	配分	评分标准		扣分
装前检查	15 分	① 电器元件漏检或错检　每处扣 2 分 ② 电动机质量检查　每漏一处　扣 5 分		
安装元件	15 分	① 元件布置不整齐、不匀称、不合理 ② 元件安装不紧固 ③ 走线槽安装不符合要求 ④ 损坏元件	每只扣 3 分 每只扣 3 分 每处扣 3 分 每只扣 10 分	
布线	30 分	① 不按原理图接线 ② 布线工艺差 ③ 接点松动、露铜过长、压绝缘层、反圈 ④ 损伤导线绝缘或线芯 ⑤ 漏套或错套编码套管 ⑥ 漏接接地线	扣 25 分 每根扣 3 分 每处扣 1 分 每根扣 5 分 每处扣 2 分 扣 10 分	
通电试车	40 分	① 热继电器未整定或整定错 ② 熔体规格配错 ③ 第一次不成功 　第二次不成功 　第三次不成功	每只扣 5 分 主、控电路各扣 5 分 扣 20 分 扣 30 分 扣 40 分	
安全文明生产		① 违反安全，破坏生产规程 ② 乱线敷设不安全	扣 5～15 分 扣 10 分	
额定时间 3h		每超时 5min 扣 5 分		
备注		除额定时间外,各项目的最高扣分不应超过配分数	成绩	
开始时间		结束时间	实际时间	

电动机正反转控制线路故障检修：

一、画出接触器联锁正反转控制的电气原理图并理解其工作过程

二、观察并记录故障

在试车成功后，由老师设置故障通电运行，注意观察，记录故障现象，并进行分析和排除。将相关内容填入表 4-12 中。

表 4-12　故障及结果

序号	设置故障	故障现象	诊断方法及排除
1	接触器 KM2 出线不换相		
2	控制电路 FU2 熔断一个		
3	接触器 KM2 线圈接触不良		
4	接触器 KM1 自锁触点接触不良		
5	主电路 FU1 熔断一个		
6	停止按钮 SB1 的常闭接触不良		

三、注意事项

① 检修前要掌握电路图中各个控制环节的作用和原理，并熟悉电动机的接线方法。

② 在检修过程中严禁扩大和产生新的故障，否则，要立即停止检修。

③ 不能随意更改线路和触摸带电电器元件。

④ 检修思路和方法要正确，断电后进行测量时也要进行验电。

⑤ 带电检修故障时，必须有指导教师在现场监护，并要确保用电安全。

⑥ 仪表使用要正确，以避免引起错误判断。

任务评价

任务评价如表 4-13 所示。

表 4-13　线路安装与故障排除自评互评表

班级		姓名		学号		组别	
项　目	考核内容		配分	评分标准		自评	互评
线路安装	① 元件质量的检测 ② 电路的正确连接		50 分	① 不能正确检测低压电器每个扣 5 分 ② 不能一次通电成功扣 10 分			
故障排除	① 工作原理分析 ② 缩小故障范围，找到故障点		40 分	① 原理叙述不正确扣 10 分 ② 一个故障不能排除扣 10 分			
安全文明生产	遵守安全操作规程		10 分	不遵守安全操作规程扣 10 分			

拓展练习

几种正反转控制电路如图 4-25 所示，试分析各电路能否正常工作？若不能正常工作，请找出原因，并改正过来。

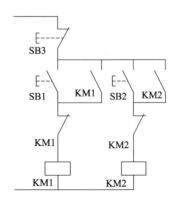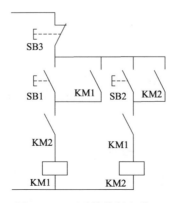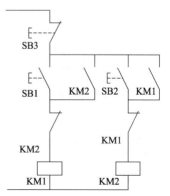

图 4-25　正反转控制电路

任务四

位置控制线路的控制电路安装与维修

任务描述

在生产过程中，一些生产机械运动部件的行程或位置要受到限制，或者需要其运动部件在一定范围内自动往返循环等。如行车的限位保护、电梯的停靠及限位保护、磨床及各种自动或半自动控制机床设备中就经常遇到这种控制要求。如图 4-26 是磨床外形及工作台运动的示意图。

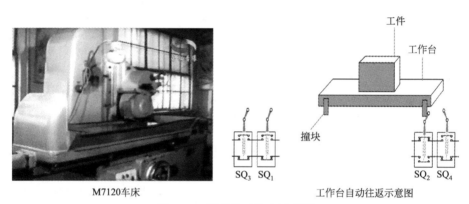

M7120车床　　　　　　　　　　　工作台自动往返示意图

图 4-26　磨床及工作台示意图

任务分析

根据这个任务要求，我们要学习位置开关的作用，掌握位置控制的工作原理；学习工作台自动往返控制线路的工作原理；能根据线路的安装步骤和安装工艺进行工作台自动往返控制线路的安装；能独立进行通电试车，出现的故障现象能分析出原因并能正确排除；熟练排除本任务中设置的这个线路中的六个故障点。

知识准备

一、低压电器

低压电器包括低压断路器、熔断器、交流接触器、热继电器、按钮、行程开关等，如图 4-27 所示。

二、实现电动机正反转的要点

① 主电路换相，如图 4-28 所示。

KM1 得电时：

型号：DZ5-20/33　　　型号：RL1-60/25　　　型号：CJ10-20　　　型号：JR16-20/3
　　　　　　　　　　　RL1-15/2

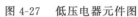

型号：LA10-2H　　　　JLXK1系列 按钮式　　　JLXK1系列 单轮旋转式

图 4-27　低压电器元件图

相序连接是　L1—U1、L2—V1、L3—W1。

KM2 得电时：

相序连接是　L1—W1、L2—V1、L3—U1。

电机的电源相序改变后，旋转磁场的方向改变，电机转子受力的方向改变，电动机的转动方向就发生改变。

② 控制电路联锁：接触器连锁、按钮联锁、双重连锁。

三、位置控制

位置开关是一种将机械信号转换为电气信号，以控制运动部件位置或行程的自动控制电器。而位置控制就是利用生产机械运动部件上的挡铁与位置开关碰撞，使其触头动作，来接通或断开电路，以实现对生产机械运动部件的位置或行程的自动控制。

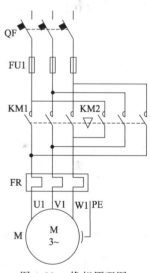

图 4-28　换相原理图

四、工作台自动往返控制线路

1. 原理图

如图 4-29 所示，用按钮 SB2 控制电机正转启动，用按钮 SB3 控制电机反转启动，用按钮 SB1 控制电动机停止。碰撞位置开关 SQ1，SQ1 的常闭触点切断正转 KM1 回路，SQ1 的常开触点接通反转 KM2 回路；同理碰撞位置开关 SQ2，SQ2 的常闭触点切断正转 KM2 回路，SQ1 的常开触点接通反转 KM1 回路；电动机的正反转拖动工作台实现往返运动。位置开关 SQ3、SQ4 作为终端保护。

2. 工作原理

先合上电源开关 QF，进行如下操作。

工作台循环往复运动：

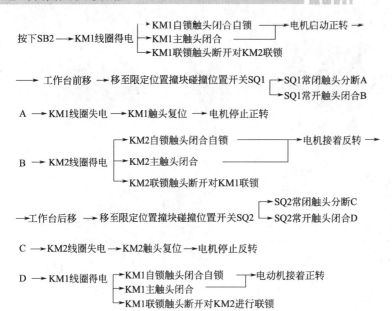

按下SB2 → KM1线圈得电 →
- KM1自锁触头闭合自锁 → 电机启动正转 →
- KM1主触头闭合
- KM1联锁触头断开对KM2联锁

→ 工作台前移 → 移至限定位置撞块碰撞位置开关SQ1 →
- SQ1常闭触头分断A
- SQ1常开触头闭合B

A → KM1线圈失电 → KM1触头复位 → 电机停止正转

B → KM2线圈得电 →
- KM2自锁触头闭合自锁 → 电机接着反转 →
- KM2主触头闭合
- KM2联锁触头断开对KM1联锁

→工作台后移 → 移至限定位置撞块碰撞位置开关SQ2 →
- SQ2常闭触头分断C
- SQ2常开触头闭合D

C → KM2线圈失电 → KM2触头复位 → 电机停止反转

D → KM1线圈得电 →
- KM1自锁触头闭合自锁 → 电动机接着正转
- KM1主触头闭合
- KM1联锁触头断开对KM2进行联锁

如此循环下去。。。

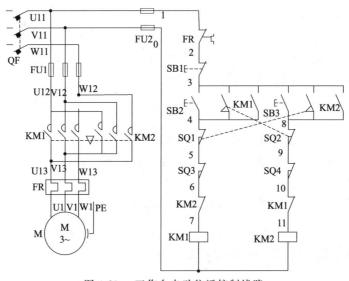

图 4-29　工作台自动往返控制线路

任务实施 📖

实训工具、仪表及器材：

① 工具：螺钉旋具、尖嘴钳、剥线钳、测电笔等。

② 仪表：万用表 MF47 型、摇表 5050 型各一块 电机一台。

③ 器材：网孔板一块、导线、走线槽若干、针形及叉形扎头、编码套管等。

④ 电器元件见表 4-14 所示。

表 4-14 电器元件

代号	名称	型号	规格	数量
M	三相异步电动机	Y112M-4	4kW、380V、Y 接法 8.8A　1440r/min	1
QF	断路器	DZ47-60　D15	15A	1
FU1	熔断器	RT18-32/20	500V 32A 配熔体 20A	1
FU2	熔断器	RT18-32/2	500V　32A 配熔体 2A	1
KM	交流接触器	CJX2-10	10A 线圈电压 380V	2
FR	热继电器	JR16-20/3	三级 20A 整定电流 8.8A	1
SB1～SB3	按钮	LA4-3H	保护式 380V、5A、按钮数 3	1
SQ	行程开关	JLXK1-111	单轮旋转式	4
XT	端子板	JX2-1015	380V、10A、15 节	1

安装配电盘：

一、安装步骤

① 列出工作台自动往返控制线路元件明细表，检查它们的质量好坏。

② 在电气原理图上标好线号，根据实训台画出元件安装布置图及接线图，绘制接线图时，将电器元件的符号画在规定的位置，对照原理图的线号标出各端子的编号。

③ 按照安装布置图布置各电器元件，按照接线图以及电工工艺进行接线。

二、工艺要求

① 导线截面积等于或大于 0.5mm² 时，必须采用软线。考虑机械强度的原因，所用导线的最小截面积在控制箱外为 1mm²，在控制箱内为 0.75mm²。但对控制箱内的电子逻辑电路可用 0.2mm²，并且在不移动且无振动的场合可以用硬线。

② 位置开关 SQ 的进出线也要经过端子排进入配电盘。

③ 布线时严禁损伤线芯和导线绝缘。

④ 导线与接线端子或接线桩连接时，不得压绝缘层，不反圈及不露铜过长。

⑤ 一个电器元件接线端子上的连接导线不得多于两根，每节接线端子板上的连接导线一般只允许连接一根。

⑥ 在电器元件中心线以上的接线端子的线垂直进入元件上面的线槽，中心线以下的线垂直进入元件下面的线槽，然后再顺槽变换走向。

⑦ 在每根剥去绝缘层导线的两端套上与电路图上相应接点线号一致的编码套管，并按线号进行连接，连接牢固，从一个接线桩到另一个接线桩的导线中间应无接头。

⑧ 当接线端子不适合连接软线或不适合连接较小截面积的软线时，可以在导线端头穿上针形或叉形轧头并压紧。

三、根据电路图检查控制板布线的正确性

四、安装设备及配线

安装电动机，连接接地线，电源线，电动机线。

五、自检

在断电时检测以下内容。

① 线路接好后，分别对主电路和控制电路进行通电前的检测，用万用表检测线路是否短路或断路，要确保无短路和断路现象。

② 检测正转回路：万用表打在 R×100 挡，两表棒放在 FU2 的两端，

$$R=\infty \longrightarrow 按下 SB2 \longrightarrow R=R_{线圈} \longrightarrow 再按下 SB1 \longrightarrow R=\infty$$

③ 检测正转自锁回路：用手动让接触器 KM1 吸合。

④ 检测反转回路：同上

⑤ 检测反转自锁回路：同上

⑥ 分别检测 SQ3、SQ4 的作用。

SQ3 的作用：$R=\infty \longrightarrow$ 按下 SB2 $\longrightarrow R=R_{线圈} \longrightarrow$ 手碰撞 SQ3 $\longrightarrow R=\infty$

SQ4 的作用：$R=\infty \longrightarrow$ 按下 SB2 $\longrightarrow R=R_{线圈} \longrightarrow$ 手碰撞 SQ4 $\longrightarrow R=\infty$

六、交验合格后通电时车

七、注意事项

① 行程开关可以先安装好，不占额定时间。行程开关必须安装在合适的位置上，安装后用手动实验，合格后才能使用。

② 通电校验时，手动四个行程开关，检验两个行程控制和两个终端保护动作是否正常可靠。

③ 安装训练要做到安全操作和文明生产。

故障排除练习：

一、画出工作台自动往返的控制电气原理图并理解其工作过程

二、观察并记录故障

在试车成功后，由老师设置故障通电运行，注意观察，记录故障现象，并进行分析和排除。将相关内容填入表 4-15 中。

表 4-15　故障及结果

序号	设置故障	故障现象	诊断方法及排除
1	接触器 KM2 进线换相		
2	控制电路 FU2 熔断一个		
3	SQ2 的常开触点接触不良		
4	接触器 KM1 自锁触点接触不良		
5	主电路 FU1 熔断一个		
6	SQ1 的常闭触点接触不良		

三、注意事项

① 检修前要掌握电路图中各个控制环节的作用和原理，并熟悉电动机的接线方法。

② 在检修过程中严禁扩大和出现新的故障，否则，要立即停止检修。

③ 不能随意更改线路和触摸带电电器元件。

④ 检修思路和方法要正确。

⑤ 带电检修故障时，必须有指导教师在现场监护，并要确保用电安全。

⑥ 仪表使用要正确，以避免引起错误判断。

任务评价

任务评价见表 4-16 所示。

表 4-16　线路安装与故障排除自评互评表

班级		姓名		学号		组别	
项　目	考核内容		配分	评分标准		自评	互评
线路安装	① 元件质量的检测 ② 电路的正确连接		50 分	① 不能正确检测低压电器每个扣 5 分 ② 不能一次通电成功扣 10 分			
故障排除	① 工作原理分析 ② 缩小故障范围，找到故障点		50 分	① 原理叙述不正确扣 10 分 ② 一个故障不能排除扣 10 分			

拓展练习

设计一个工作台往返行程的控制线路要求：①根据图 4-30 所示在左极限位置 SQ1 处停 2s，再自动向右移动，移动到右极限位置 SQ2 处停 2s 再自动向左移动，如此往返循环。②线路有短路保护、过载保护、欠压保护和失压保护。

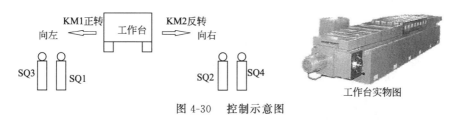

图 4-30　控制示意图

任务五 ▷▷▷

电动机 Y-△降压启动控制线路的安装与检修

任务描述

在电源变压器容量不够大，而电机的功率又比较大时，直接启动将导致电源变压器输出电压下降，不仅会减小电机本身的启动转矩，且会影响同一供电线路中其他电气设备的正常工作，因此，较大容量的电动机启动时，需要采用降压启动的方法。通常规定电源容量在 180kVA 以上，电动机容量在 7kW 以下的三相异步电机可采用直接启动。本任务要学习常用的降压启动线路 Y-△降压启动控制线路。

任务分析

要完成这个任务必须学习 Y-△降压启动控制线路线路的工作原理；根据线路的安装步骤和安装工艺进行时间继电器自动控制电动机 Y-△降压启动线路的安装；能独立进行通电试车，对出现的故障现象能分析出原因并排除；熟练排除本任务中设置的有关这个线路的六个故障点。

知识准备

一、概念

1. 全压启动（直接启动）

如电动机启动时加在定子绕组上的电压为电动机的额定电压的启动方式。

直接启动的优点是所用电气设备少，线路简单，维修量较少。直接启动的缺点是启动电流较大，一般为额定电流的 4~7 倍。

2. 降压启动

是指利用启动设备将电压适当降低后，加到电动机的定子绕组上进行启动，待电动机启动运转后，再使其电压恢复到额定电压正常运转。

3. 判定一台电动机是否直接启动方法

可用下面的经验公式来确定：

$$\frac{I_{st}}{I_N} \leqslant \frac{3}{4} + \frac{S}{4P}$$

式中　I_{st}——电动机全压启动电流，A；

　　　I_N——电动机全压启动电流，A；

　　　S——电源变压器容量，kVA；

　　　P——电动机功率，kW。

注意：凡不满足直接启动条件的，均须采用降压启动。

4. Y-△降压启动

指电动机启动时，把定子绕组接成 Y 形，以降低启动电压，限制启动电流。待电动机启动后，再把定子绕组改接成△形，使电动机全压运行。凡是在正常运行时定子绕组做△形连接的异步电动机，均可采用这种降压启动方法。

电动机启动时接成 Y 形，加在每相定子绕组上的启动电压只有△形接法的 $\sqrt{3}/3$，启动电流为△形接法的 1/3，启动转矩也只有△形接法的 1/3。所以这种降压启动的方法，只适用于轻载或空载下启动。

5. 电动机定子绕组的两种接法及绕组电压

绕组接法，如图 4-31 所示。

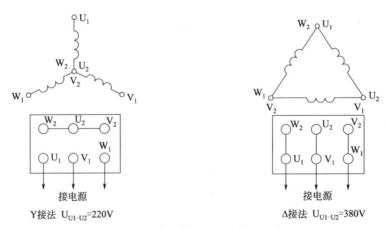

图 4-31　电动机绕组的两种接法及电压

二、Y-△降压启动控制电路图

用 KM1 和 KM2 实现电动机的 Y 的连接，用 KM1 和 KM3 实现电动机的△的连接，KM2 与 KM3 之间要有联锁保护。用时间继电器 KT 实现两个接触器之间的切换。同时线路用热继电器 FR 实现过载保护；用熔断器 FU1 实现主电路的短路保护，FU2 实现控制电路的短路保护。接触器实现线路的欠压保护和失压保护。如图 4-32 所示。

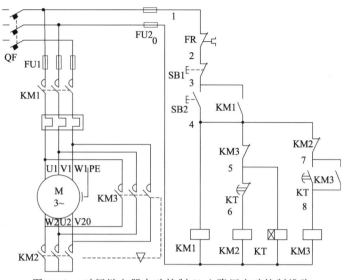

图 4-32　时间继电器自动控制 Y-△降压启动控制线路

三、工作原理

工作原理：先合上电源开关 QF，进行如下操作。

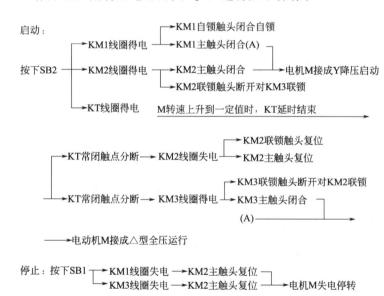

停止：按下 SB1 ┌──KM1线圈失电──→KM2主触头复位 ┐
　　　　　　　 └──KM3线圈失电──→KM2主触头复位 ┘──→电机M失电停转

任务实施

实训工具、仪表及器材：

① 工具：螺钉旋具、尖嘴钳、剥线钳、测电笔等。

② 仪表：万用表 MF47 型、摇表 5050 型各一块、电机一台。

③ 器材：网孔板一块、导线、走线槽若干、针形及叉形扎头、编码套管等。

④ 电器元件见表 4-17 所示。

表 4-17　电器元件表

代号	名称	型号	规格	数量
M	三相异步电动机	Y112M-4	4kW、380V、△接法 8.8A　1440r/min	1
QF	断路器	DZ47-60　C15	15A	1
FU1	熔断器	RT18-32/20	500V 32A 配熔体 20A	3
FU2	熔断器	RT18-32/2	500V　32A 配熔体 2A	2
KM	交流接触器	CJX2-10	10A 线圈电压 380V	3
FR	热继电器	JR16-20/3	三级 20A 整定电流 8.8A	1
SB1～SB3	按钮	LA4-3H	保护式 380V、5A、按钮数 3	1
KT	时间继电器	JS7-2A	通电延时	1
XT	端子板	JX2-1015	380V、10A、15 节	1

安装配电盘：

一、操作步骤

① 列出 Y-△降压启动控制线路控制线路元件明细表，检查它们的质量好坏。

② 在电气原理图上标好线号，根据电路图画出元件安装布置图及接线图，绘制接线图时，将电器元件的符号画在规定的位置，对照原理图的线号标出各端子的编号。

③ 按照安装布置图布置各电器元件，按照接线图以及电工工艺进行接线。

二、自检

线路接好后，分别对主电路和控制电路进行通电前的检测，要确保无短路和断路现象。

1. 用万用表检测线路是否短路或断路

万用表打在 R×100 挡，两表棒放在 FU2 的两个进线端进行检测。

2. 检测 KM1、KM2、KT 回路（Y 运行回路）

$$R=\infty \longrightarrow 按下\ SB2 \longrightarrow R=1/3R_{线圈} \longrightarrow 再按下\ SB1 \longrightarrow R=\infty$$

3. 检测△运行回路

$$R=\infty \longrightarrow 手动让\ KM1\ 和\ KM3\ 吸合 \longrightarrow R=1/2R_{线圈} \longrightarrow 再按下\ SB1 \longrightarrow R=\infty$$

三、注意事项

① 用 Y-△降压启动控制的电动机，必须有 6 个出线端子，且定子绕组在△形接法时的额定电压等于三相电源的线电压。

② 接线时，要保证电动机△形接法的正确性，即接触器主触头闭合时，应保证定子绕组的 U1 与 W2、V1 与 U2、W1 与 V2 相连。

③ 接触器 KM2 的进线必须从三相定子绕组的末端引入，若误将其首端引入，则在 KM2 吸合时，会产生三相电源短路事故。

④ 通电校验前，再检查一下熔体规格及时间继电器、热继电器的各整定值是否符合要求。

⑤ 通电校验时，必须有指导老师在现场监护，学生应根据电路的控制要求独立进行排除。

⑥ 文明生产。

故障排除练习：

一、画出 Y-△降压启动控制线路控制电气原理图并理解其工作过程。

二、观察并记录故障

在试车成功后，由老师设置故障通电运行，注意观察，记录故障现象，并进行分析和排除。将相关内容填入表 4-18 中。

表 4-18　故障及结果

序号	设置故障	故障现象	诊断方法及排除
1	接触器 KM2 进线换相		
2	控制电路 FU2 熔断一个		
3	KT 的常开触点接触不良		
4	接触器 KM1 自锁触点接触不良		
5	主电路 FU1 熔断一个		
6	KT 的常闭触点接触不良		

三、注意事项

① 一定熟悉电路图的原理，分析继电器和接触器的动作顺序，熟悉接线图，了解各继电器和接触器的作用。

② 分析思路和故障检修方法要正确。

③ 不能扩大故障范围和产生新的故障点。

④ 正确使用测量工具及仪表，以免产生错误判断。

⑤ 安全操作，文明生产。

四、评分标准

评分标准，见表 4-19。

表 4-19　评分标准

项目内容	配分	评分标准		扣分
选用工具、仪表及器材	15 分	工具、仪表少选或错选 电器元件选错型号和规格 选错元件数量或型号规格没有写全	每个扣 2 分 每个扣 4 分 每个扣 2 分	
安装前检查	5 分	电器元件漏检或错检	每处扣 1 分	
安装布线	25 分	电器布置不合理 电器元件安装不牢固 电器元件安装不整齐、不匀称、不合理 损坏电器元件 走线槽安装不符合要求 不按电气图走线 布线不符合要求 接点松动、露铜过长、反圈等 损伤导线绝缘层或线芯 漏装或套错编码套管 漏接接地线	扣 5 分 扣 4 分 扣 3 分 扣 15 分 每处扣 2 分 扣 15 分 每根扣 3 分 每个扣 1 分 每根扣 5 分 每个扣 1 分 扣 10 分	
故障分析	10 分	故障分析、排除故障思路不正确 标错电路故障范围	每个扣 5 分 每个扣 5 分	
排除故障	15 分	断电不验电 工具及仪表使用不当 排除故障的顺序不对 不能查出故障点 产生新故障： 　不能排除 　已经排除 损坏电动机 损坏电器元件或排除故障方法不正确	扣 5 分 每次扣 5 分 扣 5 分 每个扣 10 分 每个扣 10 分 每个扣 5 分 扣 20 分 扣 10 分	

续表

项目内容	配分	评分标准		扣分
通电时车	20分	热继电器未整定或整定错误 熔体规格选用不当 第一次试车不成功 第二次试车不成功 第三次试车不成功	扣5分 扣5分 扣10分 扣15分 扣20分	
安全文明生产	10分	违反安全文明生产规程	扣10分	
开始时间		结束时间	实际时间	

任务评价

任务评价，见表4-20所示。

表4-20　线路安装与故障排除自评互评表

班级		姓名		学号		组别	
项　目	考核内容		配分	评分标准		自评	互评
线路安装	① 元件质量的检测 ② 电路的正确连接		40分	① 不能正确检测低压电器每个扣5分 ② 不能一次通电成功扣10分			
故障排除	① 工作原理分析 ② 缩小故障范围,找到故障点		40分	① 原理叙述不正确扣10分 ② 一个故障不能排除扣10分			
安全文明生产			20分	违反安全文明生产规程　扣10~20分			

知识拓展

常见的降压启动方法

1. 定子绕组串电阻降压启动

① 概念：在电动机启动时，把电阻串接在电动机定子绕组与电源之间，通过电阻的分压作用来降低定子绕组上的启动电压，待电动机启动后，再将电阻短接，使电动机在额定电压下正常运行。

② 定子绕组串电阻降压启动电路图，见图4-33所示。

③ 启动电阻的阻值计算

$$R = 190 \times \frac{I_{st} - I'_{st}}{I_{st} \, I'_{st}}$$

式中　I_{st}——未串电阻前的启动电流，A，一般 $I_{st} = (4 \sim 7)I_N$；

　　I'_{st}——串电阻后的启动电流，A，一般 $I_{st} = (2 \sim 3)I_N$；

　　I_N——电动机的额定电流，A；

　　R——电动机每相串接的启动电阻值，Ω。

电阻功率可用公式 $P = I_N^2 R$ 计算。由于启动电阻只在启动过程中接入，启动时间较短，所以实际选用的电阻功率可比计算值减小3~4倍。

④ 工作原理自行分析。

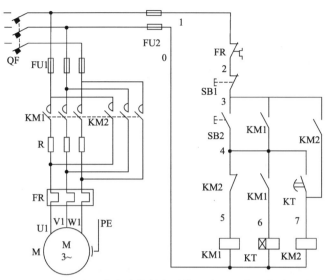

图 4-33　时间继电器自动控制定子绕组串电阻降压启动电路图

2. 串自耦变压器降压启动

① 概念：在电动机启动时利用自耦变压器来降低加在电动机定子绕组上的启动电压，待电动机启动后，再使电动机与自耦变压器脱离，从而使电动机在全压下正常运行。

② 串自耦变压器降压启动电路图，见图 4-34 所示。

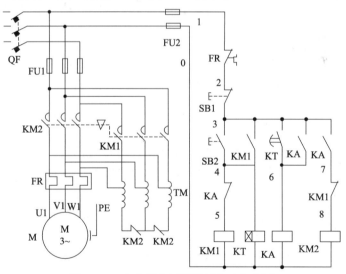

图 4-34　串自耦变压器降压启动电路图

③ 工作原理自行分析。

3. 延边三角形降压启动

概念：在电动机启动时，把定子绕组的一部分接成三角形，另一部分接成星型，使整个绕组接成延边三角形，待电动机启动后，再把电动机绕组改接成三角形全压运行。

拓展练习

分析图 4-35 所示线路工作原理。

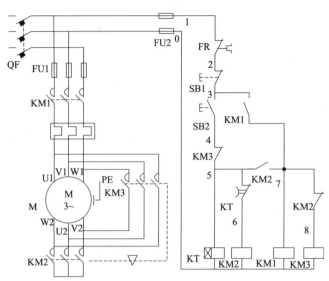

图 4-35   时间继电器自动控制 Y-△降压启动控制线路

任务六 ▷▷▷

单向启动的反接制动控制电路的安装与检修

任务描述 ✍

　　电动机断开电源以后，由于惯性不会马上停止转动，而是需要转动一段时间才会完全停下来，这种情况对于某些生产机械是不适宜的。如起重机的吊钩需要准确定位，万能铣床需要立即停转等。为满足生产机械的这种要求就需要对电动机进行制动。这个任务就是要学习有关电动机反接制动的内容。

任务分析 🔍

　　学习反接制动的概念，学习电动机单向启动反接制动控制线路的工作原理。根据线路安装的工艺要求，进行电动机单向启动反接制动控制线路的安装；能独立进行通电试车，对出现的故障现象能分析出原因并排除；熟练排除本任务中设置的有关这个线路的六个故障点。

知识准备 ◉

一、概念

1. 制动

就是给电动机一个与转动方向相反的转矩使它迅速停转（或限制其转速）。制动的方法有机械制动和电力制动两大类。

2. 机械制动

利用机械装置使电动机断开电源后迅速停转的方法叫做机械制动。机械制动常用的方法有电磁抱闸制动器制动和电磁离合器制动两种。

3. 电力制动

使电动机在切断电源停转的过程中，产生一个和电动机实际旋转方向相反的电磁力矩（制动力矩），迫使电动机迅速制动停转的方法。

电力制动常用的方法：反接制动、能耗制动、电容制动、再生发电制动。

4. 反接制动

依靠改变电动机定子绕组的电源相序来产生制动转矩（电动机停电后立刻让电机反转一下），迫使电动机迅速停转的方法。

注意：当电机转速接近零值时，立刻切断反转的电源，防止反向启动运行。常利用速度继电器来自动及时地切断电源。

5. 速度继电器

速度继电器是反映转速和转向的继电器，其主要作用是以旋转速度的快慢为指令信号，与接触器配合实现对电动机的反接制动控制，故又称为反接制动继电器。

6. 速度继电器技术数据

常用速度继电器的主要技术数据见表 4-21 所示。

表 4-21　速度继电器的主要技术数据

型号	触头额定电压/V	触头额定电流/A	触头对数		额定工作转速 r/min
			正转动作	反转动作	
JY1			1组转换触头	1组转换触头	100～3000
JFZ0-1	380V	2	1常开、1常闭	1常开、1常闭	300～1000
JFZ0-2			1常开、1常闭	1常开、1常闭	1000～3600

二、单向启动反接制动控制线路

电路图的主电路与前面的控制电动机正反转控制线路相同，只是在电机反转时串接了3个限流电阻，接触器 KM1 控制电机正转，KM2 得电时电动机进行反接制动，KS 是速度继电器，它的转轴与电动机同轴相连，使两轴的中心线重合。如图 4-36 所示。

三、工作原理

先合上电源开关 QF，进行如下操作。

单向启动：

按下SB1 → KM1线圈得电 → ┬ KM1自锁触头闭合 ┬ → 电动机M启动运转 →
　　　　　　　　　　　　　├ KM1主触头闭合 ┘
　　　　　　　　　　　　　└ KM1联锁触头分断对KM2联锁

→ 电动机转速上升到一定值(200r/min)时 → KS常开触头闭合为制动作准备

反接制动：

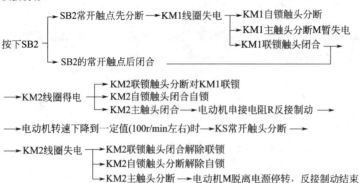

$$\begin{array}{l}\text{按下SB2}\begin{cases}\text{SB2常开触点先分断}\rightarrow\text{KM1线圈失电}\begin{cases}\text{KM1自锁触头分断}\\\text{KM1主触头分断M暂失电}\\\text{KM1联锁触头闭合}\end{cases}\\\text{SB2的常开触点后闭合}\end{cases}\end{array}$$

→KM2线圈得电 → KM2联锁触头分断对KM1联锁
            → KM2自锁触头闭合自锁
            → KM2主触头闭合 → 电动机串接电阻R反接制动 →

→电动机转速下降到一定值(100r/min左右)时 → KS常开触头分断 →

→KM2线圈失电 → KM2联锁触头闭合解除联锁
            → KM2自锁触头分断解除自锁
            → KM2主触头分断 → 电动机M脱离电源停转，反接制动结束

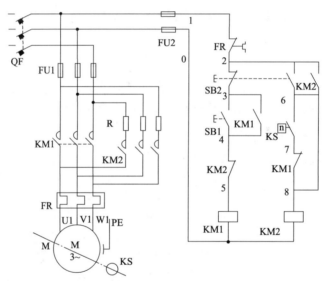

图 4-36　单向启动反接制动控制电路图

限流电阻 R 的大小估算：

反接制动时，由于旋转磁场与转子的相对转速 (n_1+n) 很高，故转子绕组中感应电流很大，致使定子绕组中的电流很大，一般约为电动机额定电流的 10 倍，因此，反接制动适用于 10kW 以下小容量电动机的制动，并且对 4.5kW 以上的电动机进行反接制动时，要在定子绕组回路中串入限流电阻 R，以限制反接制动电流。

根据经验公式计算，在电源电压 380V 时，若是反接制动电流等于电动机直接启动电流的 $1/2I_{st}$，则三相电路每相应串入电阻 R 值可取为：

$$R\approx1.5\text{x}220/I_{st}$$

若要使反接制动电流等于启动电流 I_{st}，则每相应串入电阻 R 值可取为：

$$R\approx1.3\text{x}220/I_{st}$$

若反接制动时，只在两相中串接电阻 R，则电阻值取上述电阻的 1.5 倍。电流等于启动电流 I_{st}。

任务实施

实训工具、仪表及器材：

① 工具：螺钉旋具、尖嘴钳、剥线钳、测电笔等。

② 仪表：万用表 MF47 型、摇表 5050 型各一块 电机一台。

③ 器材：网孔板一块、导线、走线槽若干、针形及叉形扎头、编码套管等。

④ 电器元件见表 4-22 所示。

表 4-22　电器元件

代号	名称	型号	规格	数量
M	三相异步电动机	Y112M-4	4kW、380V、△接法 8.8A　1440r/min	1
QF	断路器	DZ47-60　C15	15A	1
FU1	熔断器	RT18-32/20	500V 32A 配熔体 20A	3
FU2	熔断器	RT18-32/2	500V　32A 配熔体 2A	2
KM1～KM2	交流接触器	CJX2-10	10A 线圈电压 380V	2
FR	热继电器	JR16-20/3	三级 20A 整定电流 8.8A	1
SB1～SB3	按钮	LA4-3H	保护式 380V、5A、按钮数 3	1
KS	速度继电器	JY1		1
XT	端子板	JX2-1015	380V、10A、15 节	1

安装配电盘：

一、操作步骤

① 列出单向启动反接制动控制元件明细表，检查它们的质量好坏。

② 在电气原理图上标好线号，根据电路图画出元件安装布置图及接线图，绘制接线图时，将电器元件的符号画在规定的位置，对照原理图的线号标出各端子的编号。

③ 按照安装布置图布置各电器元件，按照接线图以及电工工艺进行接线。

注意：没有速度继电器的学校可用行程开关 SQ 代替模拟实验。

二、自检

线路接好后，分别对主电路和控制电路进行通电前的检测，要确保无短路和断路现象。

1. 用万用表检测线路是否短路或断路

万用表打在 R×100 档，两表棒放在 FU2 的两个进线端进行检测

2. 检测 KM1 回路（单向启动运行回路）

$$R=\infty \longrightarrow 按下 SB1 \longrightarrow R=R_{线圈} \longrightarrow 轻轻按下 SB2 \longrightarrow R=\infty$$

3. 检测反接制动 KM2 回路

$$R=\infty \longrightarrow 将 SB2 按到底，碰行程开关 SQ \longrightarrow R=1/2R_{线圈}$$

三、接好电机线和电源线并通电试车

四、注意事项

① 速度继电器安装接线时，应注意正反向触头不能接错，否则不能实现反接制动控制。

② 速度继电器的金属外壳应可靠接地，时间继电器 KT 的延时时间不能太长，以免制动时间过长引起定子绕组发热。

③ 安装时，采用速度继电器的链接头与电动机转轴直接连接的方法，并使两轴中心线

重合。

④ 制动操作不能太频繁,没有速度继电器的学校可用行程开关代替演示。

⑤ 通电校验时,必须有指导老师在现场监护,学生应根据电路的控制要求独立进行操作。

⑥ 文明生产。

故障排除练习:

一、画出单向启动反接制动控制的电气原理图并理解其工作过程。

二、观察并记录故障

在试车成功后,由老师设置故障通电运行,注意观察,记录故障现象,并进行分析和排除。将相关内容填入表 4-23 中。

表 4-23 故障及结果

序号	设置故障	故障现象	诊断方法及排除
1	FR 常闭触点动作		
2	控制电路 FU2 熔断一个		
3	KM2 不自锁		
4	接触器 KM1 自锁触点接触不良		
5	主电路 FU1 熔断一个		
6	KM2 不换相		

三、注意事项

① 检修前,要认真阅读电路图,掌握线路的组成结构,工作原理,接线方式及继电器的动作顺序。

② 在排除故障时,故障分析应正确,排除故障思路要清晰,排除故障方法应安全正确。

③ 工具和仪表使用正确,以免出现安全问题和造成错误判断。

④ 不随意更改线路,不能触摸带电电器元件。

⑤ 带电检修时,必须有教师在现场监护。

任务评价

任务评价见表 4-24 所示。

表 4-24 线路安装与故障排除自评互评表

班级		姓名		学号		组别	
项目	考核内容		配分	评分标准		自评	互评
线路安装	① 元件质量的检测 ② 电路的正确连接		50 分	① 不能正确检测低压电器每个扣 5 分 ② 不能一次通电成功扣 10 分			
故障排除	① 工作原理分析 ② 缩小故障范围,找到故障点		50 分	① 原理叙述不正确扣 10 分 ② 一个故障不能排除扣 10 分			
安全文明生产 20 分				违反安全文明生产规程 扣 10~20 分			

拓展练习

试按下述要求画出三相异步单动机的电路图。

① 既能点动又能连续运转；

② 停车时采用反接制动；

③ 能在两处启动、停止。

任务七 ▷▷▷

单向启动能耗制动自动控制线路的安装与检修

任务描述 ✍

在对电动机进行制动的控制中，在要求制动准确、平稳的场合，如磨床、立式铣床的控制线路中常用能耗制动。能耗制动的优点是制动准确、平稳，且能量消耗较小。也有缺点是需要附加直流电源装置，设备费用较高，制动力较弱，在低速时制动力矩小。通过这个任务我们学习能耗制动的内容。

任务分析 🔍

学习单向启动能耗制动自动控制线路的工作原理，根据原理图进行配电盘的安装；能进行通电试车，对线路出现的故障能进行逻辑分析，找到原因并检测后排出故障；学习电动机控制线路故障检修的方法和步骤，熟练排除本任务中设置的六个故障点。

知识准备 ◐

一、能耗制动

1. 概念

当电动机切断交流电源后，立即在定子绕组的任意两相中通入直流电，迫使电动机迅速停转的方法叫能耗制动。

2. 原理

用 QF1 切断电动机的交流电源后，立即合上开关 QF2，给电动机的 V 相、W 相定子绕组通入直流电，使定子中产生一个恒定的静止磁场，做惯性运动的转子绕组因切割磁力线而产生感生电流，其方向可用右手定则来判定，上面是由外向里流，下面是有里向外流。转子中产生感生电流，又立即受静止磁场的作用，产生电磁转矩，用左手定则判定，电磁转矩的方向正好与电动机的转动方向相反，使电机受制动迅速停下来。制动原理如图4-37所示。

二、单相半波整流单向启动能耗制动控制电路图

交流接触器 KM1 得电时控制电机的得电启动运行，KM2 得电时给电动机通直流电，

进行能耗制动，用时间继电器 KT 控制制动时间，KT 延时结束，制动结束。二极管 V 进行整流，电阻 R 是用来限制制动电流的。原理图如图 4-38 所示。

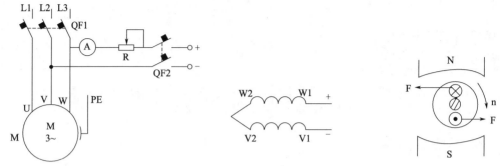

图 4-37　能耗制动原理图

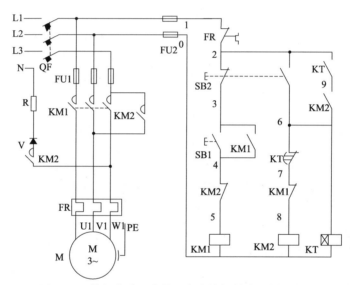

图 4-38　单相半波整流单向启动能耗制动控制电路图

注意：分析时间继电器瞬时触头 KT 的作用。在使用的时间继电器没有瞬时触点时，可不用，只用交流接触器 KM2 的常开辅助触点。

三、工作原理

先合上电源开关 QF，进行下面操作。

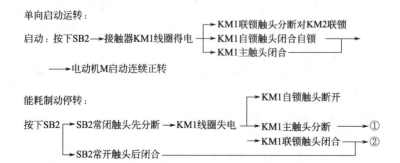

```
① ──→ 电动机M失电但惯性运转

②  ┌──→ KM2线圈得电 ──→ KM1联锁触头分断对KM2联锁
   │                ├──→ KM1主触头闭合 ──→ 电机通入直流电能耗制动
   │                └──→ KM1自锁触头闭合自锁
   │
   └──→ KT线圈得电 ──→ KT常开触头闭合自锁

                KT延时结束 ──→ KT常闭触头断开 ──→ KM2线圈失电 ──→
```

```
  ┌──→ KM2自锁触头断开 ──→ KT线圈失电 ──→ KT触头瞬时复位
──┼──→ KM2主触头分断 ──→ 电动机切断直流电并停转，制动结束
  └──→ KM2联锁触头恢复闭合
```

注意：KT 瞬时闭合常开触头的作用是当 KT 出现线圈断线或机械卡住等故障时，按下 SB2 后能使电动机制动后脱离直流电源。

四、能耗制动所需直流电源的估算

以单相桥式整流电路为例，其估算步骤如下。

① 测量出电动机三根进线中任意两根之间的电阻 R（Ω）。

② 测量出电动机的进线空载电流 I_0（A）。

③ 能耗制动所需的直流电源，$I_L = kI_0$（A）。

其中 k 是系数，一般取 3.5~4。若使电动机达到比较满意的制动效果，对转速高、惯性大的传动装置可选取其上限。

④ 能耗制动所需的直流电压 $U_L = I_L R$（V）。

⑤ 单相桥式整流电源变压器次级绕组电压和电流有效值为：

$$U_2 = \frac{U_L}{0.9}(\text{V}) \qquad I_2 = \frac{I_L}{0.9}(\text{A})$$

变压器计算容量为：

$$S = U_2 I_2 (\text{V} \cdot \text{A})$$

如果制动不频繁，可取变压器实际容量为：

$$S' = \left(\frac{1}{3} \sim \frac{1}{4}\right) S (\text{V} \cdot \text{A})$$

⑥ 可调电阻 $R \approx 2\Omega$，电阻功率（实际选用时电阻功率也可小些）

$$P_R = I_L^2 R (\text{W})$$

任务实施

实训工具、仪表及器材：

① 工具：螺钉旋具、尖嘴钳、剥线钳、测电笔等。

② 仪表：万用表 MF47 型、摇表 5050 型各一块、电机一台。

③ 器材：网孔板一块、导线、走线槽若干、针形及叉形扎头、编码套管等。

④ 电器元件如表 4-25 所示。

表 4-25　电器元件

代号	名称	型号	规格	数量
M	三相异步电动机	Y112M-4	4kW、380V、△接法 8.8A　1440r/min	1
QF	断路器	DZ47-60　C15	15A	1
FU1	熔断器	RT18-32/20	500V 32A 配熔体 20A	3
FU2	熔断器	RT18-32/2	500V　32A 配熔体 2A	2
KM1~KM2	交流接触器	CJX2-10	10A 线圈电压 380V	2
FR	热继电器	JR16-20/3	三级 20A 整定电流 8.8A	1
SB1~SB3	按钮	LA4-3H	保护式 380V、5A、按钮数 3	1
KT	时间继电器	JS7-2A	通电延时	1
XT	端子板	JX2-1015	380V、10A、15 节	1

安装配电盘：

一、操作步骤

① 列出单向启动能耗制动控制元件明细表，检查它们的质量好坏。

② 在电气原理图上标好线号，根据电路图画出元件安装布置图及接线图，绘制接线图时，将电器元件的符号画在规定的位置，对照原理图的线号标出各端子的编号。

③ 按照安装布置图布置各电器元件，按照接线图以及电工工艺进行接线。

二、自检

线路接好后，分别对主电路和控制电路进行通电前的检测，要确保无短路和断路现象。

1. 用万用表检测线路是否短路或断路

万用表打在 R×100 挡，两表棒放在 FU2 的两个进线端进行测量。

2. 检测 KM1 回路（单向启动运行回路）

$$R=\infty \longrightarrow 按下\ SB1 \longrightarrow R=R_{线圈} \longrightarrow 轻轻按下\ SB2 \longrightarrow R=\infty$$

3. 检测能耗制动回路

$$R=\infty \longrightarrow 将\ SB2\ 按到底 \longrightarrow R\approx 1/2R_{线圈}\quad （KM2\ 线圈与\ KT\ 线圈并联）$$

三、接好电机线和电源线并接好整流二极管

四、通电试车

五、注意事项

① 时间继电器 KT 的延时时间不能太长，以免制动时间过长引起定子绕组发热。

② 整流二极管型号要符合要求，电阻也要选用恰当。

③ 在试车时，轻轻按下 SB2 观察电机不通直流电无制动时，电动机由于惯性运转的现象，然后将 SB2 按到底，观察电动机通入直流电后进行制动的效果。

④ 通电校验前，再检查一下熔体规格及时间继电器、热继电器的各整定值是否符合要求。

⑤ 通电校验时，必须有指导老师在现场监护，学生应根据电路的控制要求独立进行操作。

⑥ 文明生产。

故障排除练习：

一、画出单向启动能耗制动控制的电气原理图并理解其工作过程

二、观察并记录故障

在试车成功后，由老师设置故障通电运行，注意观察，记录故障现象，并进行分析和排除。将相关内容填入表 4-26 中。

三、注意事项

① 检修前，要认真阅读电路图，掌握线路的组成结构，工作原理，接线方式及继电器

的动作顺序。

表 4-26 故障及结果

序号	设置故障	故障现象	诊断方法及排除
1	FR 常闭触点动作		
2	控制电路 FU2 熔断一个		
3	KT 的常闭触点错接常开触点		
4	接触器 KM1 自锁触点接触不良		
5	主电路 FU1 熔断一个		
6	6 号横线少一根		

② 在排除故障时，故障分析应正确，排除故障思路要清晰，排除故障方法要安全正确。

③ 工具和仪表使用正确，以免出现安全问题和造成错误判断。

④ 不随意更改线路，不能触摸带电电器元件。

⑤ 带电检修时，必须有教师在现场监护。

任务评价

表 4-27 线路安装与故障排除自评互评表

班级		姓名		学号		组别	
项　目	考核内容		配分	评分标准		自评	互评
线路安装	① 元件质量的检测 ② 电路的正确连接		50 分	① 不能正确检测低压电器每个扣 5 分 ② 不能一次通电成功扣 10 分			
故障排除	① 工作原理分析 ② 缩小故障范围,找到故障点		50 分	① 原理叙述不正确扣 10 分 ② 一个故障不能排除扣 10 分			

拓展练习

① 以常用单向桥式整流电路为例，说明估算能耗制动所需直流电源的步骤。

② 试分析图 4-39 所示的错误，改正后叙述其工作原理。

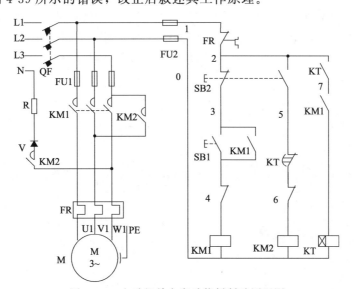

图 4-39　电动机单向启动能耗制动原理图

任务八

时间继电器控制双速电动机线路的安装与检修

任务描述

在 M7475B 平面磨床中，工作台转动是由一台双速电动机来拖动的；在 M1432A 型万能外圆磨床中驱动头架工件旋转的电机也是一台双速电动机。双速电动机是通过改变它的磁极对数来实现调速的。改变异步电动机的转速可通过三种方法来实现：一是改变电源频率 $f1$；二是改变转差率 s；三是改变磁极对数 P。本项目是学习通过改变电机的磁极对数 P 来实现电动机调速的基本控制线路。

任务分析

完成这个任务必须理解双速电动机三相定子绕组的接法，学习双速电动机电气控制线路的工作原理，根据原理图和工艺要求完成时间继电器控制双速电动机的线路安装；经过自检后，安装的线路能通电调试成功；对调试过程中出现的故障现象能分析出原因自行排出；最后能把本任务中设置的六个故障点熟练地排除。

知识准备

一、双速异步电动机定子绕组的连接

双速异步电动机定子绕组的△/YY 接线图如图 4-40 所示。三相定子绕组是接成△的，它的六个出线端分别是△的三个顶端 U1、V1、W1，和每相绕组的中点抽头 U2、V2、W2。通过改变这 6 个出线端与电源的连接方式，就可以得到两种不同的转速。低速时，三相电 L1—U1、L2—V1、L3—W1，另三个出线端 U2、V2、W2 空着不接，是三角形接法，磁极

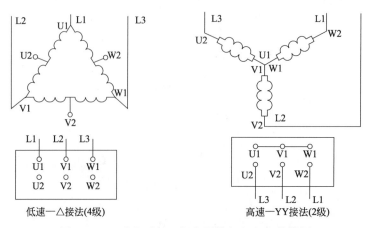

低速—△接法(4级)   高速—YY接法(2级)

图 4-40 双速电动机三相定子绕组△/YY 接线图

对数是 4 极，同步转速是 1500r/min；高速时，三相电 L1—W2、L2—V2、L3—U2，另三个出线端 U1、V1、W1 短接在一起，是双星型接法，磁极对数是 2 极，电机转速是 3000r/min。

变极调速：改变异步电动机的磁极对数调速称为变极调速。变极调速是通过改变定子绕组的连接方式来实现的，它是有级调速，且只适用于笼型异步电动机。凡磁极对数可改变的电动机称为多速电动机，常见的有双速、三速等几种类型。

特别注意：双速电动机的定子绕组从一种接法改变为另一种接法时，必须把电源的相序反接，以保证电动机的旋转方向不变。

二、时间继电器控制双速电动机的控制线路

用按钮和时间继电器控制双速电动机可以长时间低速运行，也可以长时间高速运行，在需高速运行时，先低速启动自动切换成高速运行。低速和高速分别用 FR1 和 FR2 作过载保护，KM1 得电，电动机为三角形接法低速运行；KM2 和 KM3 得电时电动机接成双星形，电机高速运行。如图 4-41 所示。

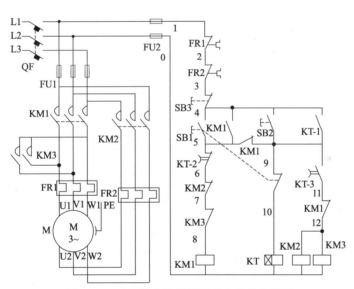

图 4-41　时间继电器控制双速电动机电路图

三、线路工作原理

先合上电源开关 QF，进行下面的操作。

电动机低速启动运转：

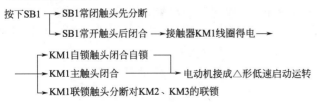

停止：

按下 SB3 ──→ KM1 线圈失电 ──→ KM1 触头复位 ──→ 电动机断电停转

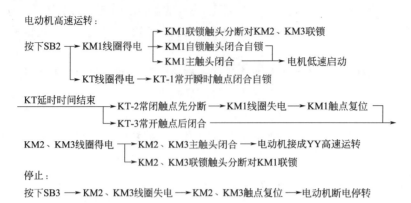

电动机高速运转：

按下SB2 ── KM1线圈得电 ── KM1联锁触头分断对KM2、KM3联锁
        ── KM1自锁触头闭合自锁
        ── KM1主触头闭合 ── 电机低速启动
   ── KT线圈得电 ── KT-1常开瞬时触点闭合自锁

KT延时时间结束 ── KT-2常闭触点先分断 ── KM1线圈失电 ── KM1触点复位
     ── KT-3常开触点后闭合

KM2、KM3线圈得电 ── KM2、KM3主触头闭合 ── 电动机接成YY高速运转
       ── KM2、KM3联锁触头分断对KM1联锁

停止：

按下SB3 ── KM2、KM3线圈失电 ── KM2、KM3触点复位 ── 电动机断电停转

任务实施

实训工具、仪表及器材：

① 工具：螺钉旋具、尖嘴钳、剥线钳、测电笔等。

② 仪表：万用表MF47型、摇表5050型各一块 电机一台。

③ 器材：网孔板一块、导线、走线槽若干、针形及叉形扎头、编码套管等。

④ 电器元件见表4-28所示。

表4-28 元件明细表

代号	名称	型号	规格	数量
M	三相异步电动机	YD112M-4/2	3.3kW/4kW、380V、△/YY 7.4A/8.8A 1440r/min 或 2890r/min	1
QF	断路器	DZ47-60 C15	15A	1
FU1	熔断器	RT18-32/20	500V 32A 配熔体20A	3
FU2	熔断器	RT18-32/2	500V 32A 配熔体2A	2
KM	交流接触器	CJX2-10	10A 线圈电压380V	3
FR1	热继电器	JR16-20/3	三级 20A 整定电流7.4A	1
FR2	热继电器	JR16-20/3	三级 20A 整定电流8.8A	1
SB1～SB3	按钮	LA4-3H	保护式380V、5A、按钮数3	1
KT	时间继电器	JS7-2A	通电延时 线圈电压380V	1
XT	端子板	JX2-1015	380V、10A、15节	1

安装配电盘：

一、安装步骤

① 列出时间继电器控制双速电动机线路元件明细表，检查它们的质量好坏。

② 在电气原理图上标好线号，根据电路图画出元件安装布置图及接线图，绘制接线图时，将电器元件的符号画在规定的位置，对照原理图的线号标出各端子的编号。若时间继电器是JS14A系列（无瞬时触头）的时候，可按照下图4-42所示的原理图进行安装。

③ 按照安装布置图布置各电器元件，按照接线图以及电工工艺进行接线。

二、自检

线路接好后，分别对主电路和控制电路进行通电前的检测，要确保无短路和断路现象。

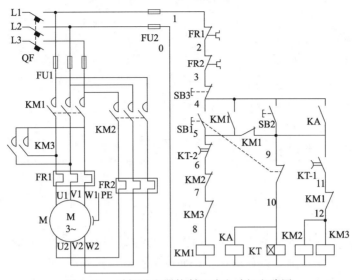

图 4-42 时间继电器控制双速电动机电路图

方法步骤如下。

1. 用万用表检测线路是否短路或断路

万用表打在 $R \times 100$ 挡，两表棒放在 FU2 的两个进线端进行检测。

2. 检测 KM1 回路（低速运行回路）

$$R = \infty \longrightarrow 按下 SB2 \longrightarrow R = R_{线圈} \longrightarrow 再按下 SB3 \longrightarrow R = \infty$$

3. 检查 KM1 自锁回路

$$R = \infty \longrightarrow 手动让 KM1 吸合 \longrightarrow R = R_{线圈} \longrightarrow 再按下 SB3 \longrightarrow R = \infty$$

4. 检测高速启动运行回路

$$R = \infty \longrightarrow 按下 SB2 \longrightarrow R = 1/3 R_{线圈} （三电阻并联）\longrightarrow 再按下 SB3 \longrightarrow R = \infty$$

三、注意事项

① 接线时，注意主电路中接触器 KM1、KM2 在两种转速下电源相序必须改变，不能接错，否则电机由低速切换成高速，转向发生改变时会产生很大的冲击电流。

② 控制低速的 KM1 和高速的 KM2 的主触头不能对换接线，否则会在电机 YY 接法高速运行时造成电源短路。

③ 电机高、低速时电流不同，热继电器 FR1、FR2 的整定电流也就不同。

④ 通电校验前，再复验电动机的 U1、V1、W1、U2、V2、W2 接线是否正确，也可测试一下绝缘电阻是否符合要求。

⑤ 通电校验时，必须有指导老师在现场监护，学生应根据电路的控制要求独立进行试验。

⑥ 做到安全文明生产。

故障排除练习：

一、画出时间继电器控制双速电动机线路的电气原理图并理解其工作过程

二、观察并记录故障

在试车成功后，由老师设置故障通电运行，注意观察，记录故障现象，并进行分析和排除。将相关内容填入表 4-29 中。

表 4-29 故障及结果

序号	设置故障	故障现象	诊断方法及排除
1	FR2 的常闭触头接成常开触头		
2	控制电路 FU2 熔断一个		
3	KT-2 的常闭触点换成常开触头		
4	KM1 常闭触点(5 与 9 之间的触点)接触不良		
5	主电路 FU1 熔断一个		
6	KT 的常开触点接触不良		

三、注意事项

① 检修前，要认真阅读电路图，掌握线路的组成结构，工作原理，接线方式及继电器的动作顺序。

② 在排除故障时，故障分析应正确，排除故障思路要清晰，排除故障方法要安全正确。

③ 工具和仪表使用正确，以免出现安全问题和造成错误判断。

④ 不随意更改线路，不能触摸带电电器元件。

⑤ 带电检修时，必须有教师在现场监护。

任务评价

任务评价如表 4-30 所示。

表 4-30 线路安装与故障排除自评互评表

班级		姓名		学号		组别	
项 目	考核内容		配分	评分标准		自评	互评
线路安装	① 元件质量的检测 ② 电路的正确连接		50 分	① 不能正确检测低压电器每个扣 5 分 ② 不能一次通电成功扣 10 分			
故障排除	① 工作原理分析 ② 缩小故障范围，找到故障点		50 分	① 原理叙述不正确扣 10 分 ② 一个故障不能排除扣 10 分			

拓展练习

① 双速电动机的定子绕组共有几个出线端？分别画出双速电机在低速、高速时定子绕组的接线图。

② 现有一台双速电动机，试按要求设计控制线路：

a. 分别用两个按钮操作电动机的低速、高速启动，用一个按钮操作电机的总停止。

b. 高速启动时，应先接成低速，然后经过时间继电器的延时后再换接到高速。

c. 有短路保护、过载保护、欠压保护、失压保护。

项目五
典型机床电路检修

知识目标

① 识读原理图，能把复杂的机床原理图拆分成独立电动机的控制线路来分析理解；
② 掌握生产机械设备控制线路的构成；
③ 掌握生产机械设备控制线路的工作原理；
④ 掌握工业机械电气设备维修的一般要求和方法。

技能目标

① 能根据对原理图的分析理解对设备进行正确的通电调试；
② 能对机床设备控制线路中出现的故障进行检修；
③ 能对每个机床设置的 16 个线路故障进行正确安全地排除。

项目概述

在学习了常用低压电器和电动机的基本控制线路的安装、检修与调试这两个项目的内容之后，本项目将通过对车床、磨床具有代表性的常用生产机械的电气控制线路的分析与研究，对机床进行正确的调试与维修，提高学生们在实际工作中综合分析和解决问题的能力。

任务一 ▷▷▷

CA6140 车床控制线路常见故障检查与排除

任务描述

车床是一种使用极其广泛的金属切削机床，主要用于加工内外圆柱面、端面、圆锥面，还可以车削螺纹和孔加工。我们要以 CA6140 车床为例，学习控制车床运动的知识内容，掌握它的电气控制线路，对由于电气线路原因出现的故障进行分析排除。

任务分析

识读并理解 CA6140 车床电路原理图，掌握 CA6140 车床电力拖动的特点及控制要求；掌握机床线路故障检修步骤，会针对故障现象分析检查故障的逻辑程序。掌握 CA6140 车床控制线路的常见故障，能准确排除故障点，使该电路正常工作。通过训练，熟练检查与排除亚龙156A 设备上 CA6140 车床控制线路的 16 个常见故障。观察故障现象，分析故障原因，排除故障。

知识准备

一、车床的型号意义、运动形式及主要结构

1. CA6140 车床型号意义

2. CA6140 车床的运动形式

在加工过程中，工具被夹在卡盘上由主轴带动旋转，加工工具车刀则被安装在刀架上，由溜板箱带动可以做横向和纵向运动，用以改变车削加工的位置和"吃刀"深度。车床的运动形式有：主轴的旋转运动，称为主体运动；溜板箱带动刀架的纵、横方向的直线运动称为进给运动；溜板箱的快速进给和工件的夹紧和放松称为辅助运动。

3. CA6140 车床外形及结构

CA6140 车床结构由床身、主轴箱、主轴、挂轮箱、进给箱、溜板箱、溜板和刀架、尾架、丝杠和光杠、电控照明系统、冷却系统等装配组合而成。其外形结构如图 5-1 所示。

图 5-1　普通车床外形示意图

1—主轴箱；2—主轴；3—溜板和刀架；4—照明灯；5—丝杠；6—尾架；

7—挂轮架；8—进给箱；9—光杠；10—溜板箱；11—车身

二、CA6140车床电气控制线路

1. CA6140车床的电力拖动特点及控制要求

① 主轴拖动的电动机是三相笼型异步电动机时，无电气调速。它的启动和停止采用按钮操作。

② 采用齿轮箱进行机械有级调速。主轴电机通过几条V带将动力传递到主轴箱。

③ 在车削螺纹时，主轴电动机的正反转采用机械方法来实现。

④ 为了满足对螺纹的加工，刀架移动和主轴电动机的转动有固定的比例关系。

⑤ 为了防止工件和刀具温度过高，配有冷却泵电机。只有主轴电机启动后，它才可以启动，当主轴电机停止时，它也一起停止，它也可以提前单独停止。

⑥ 线路具有短路、过载、欠压和失压的保护。

⑦ 具有照明电路及指示电路。

2. CA6140车床的主电路分析

CA6140车床的主电路分析，如图5-2所示。

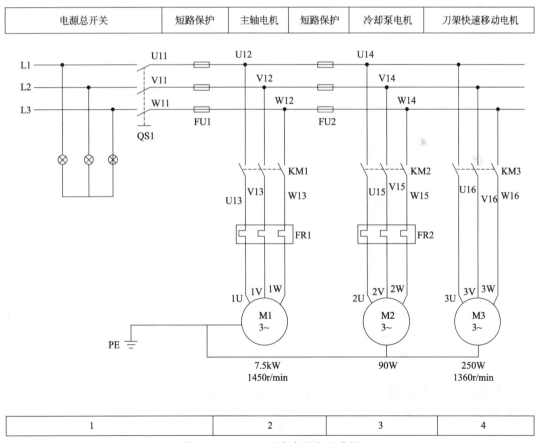

图5-2　CA6140型车床的主电路图

① 用QS1将三相电源引入，电源进线端有三个电源指示灯，共有3台电动机。

② 主轴电动机M1：由接触器KM1控制，FU1作短路保护，FR1作过载保护。M1带动主轴旋转和刀架做进给运动。

③ 冷却泵电动机 M2：由接触器 KM2 控制，FR2 作过载保护，FU2 同时作 M2、M3 及控制变压器 TC 的短路保护。M2 主要输送冷却液。

④ 刀架快速移动电动机 M3：由接触器 KM3 控制，点动控制未有过载保护。M3 可带动刀架做快速移动。

备注：

① 用途栏：电路图上部，用文字标明电路图中每个电路在机床电气操作中的用途。如图 5-2 所示。

② 图区栏：电路图下部，将电路图按功能化分成若干个图区，通常一条回路或一条支路划为一个图区，并从左向右依次用阿拉伯数字编号，标注在电路图的下部的图区栏内。如图 5-2 所示。

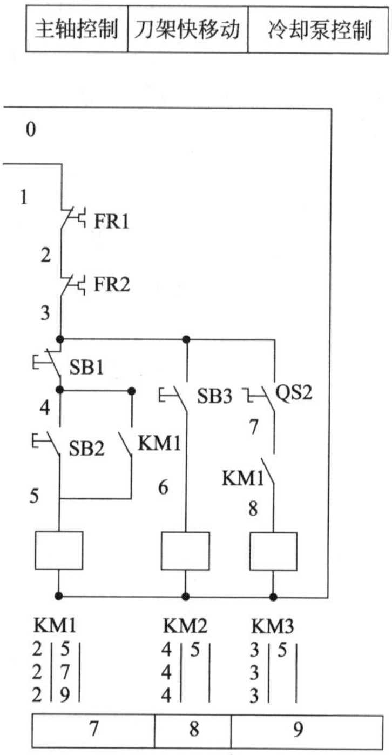

3. CA6140 的控制电路分析

CA6140 车床的控制电路分析，如图 5-3 所示。

（1）主轴电机 M1 的控制

启动：按下 SB2→KM1 线圈得电→主轴电机 M1 启动

停止：按下 SB1→KM1 线圈失电→主轴电机 M1 停转

（2）冷却泵电机 M2 的控制

启动：主轴电机启动后（KM1 常开辅助触头已闭合）

合上 QS2→KM3 线圈得电→电机 M2 得电启动

停止：

① 主轴电机 M1 停止（KM1 线圈失电）→KM3 线圈失电→电机 M2 失电停转

② 断开 QS2→KM3 线圈失电→电机 M2 失电停转

备注：

① 电路图中，在每个接触器线圈下方画出两条竖直线，分成左、中、右三栏，把受其线圈控制而动作的触头所处的图区号填入相应的栏内，备用的触头用记号"X"标出或不标出任何符号。

图 5-3　控制线路

② 举例：

KM			左栏：主触头所在的图区号，表示3对主触头都在图区2。
2	8	X	中栏：辅助常开触头所处的图区号，表示两对辅助触头分别在图区8和
2	10	X	图区10。
2			右栏：辅助常闭触头所处的图区号，表示两对辅助触头未用。

4. 照明及指示电路的分析

CA6140 车床的照明及指示电路分析，如图 5-4 所示。

HL 是电源指示灯，合上 QS1 后，变压器 TC 正常，灯 HL 就会亮。

HL1 是主轴电机 M1 的工作指示灯，KM1 得电后，灯 HL1 亮。

HL2 是冷却泵电机 M2 的工作指示灯，KM3 得电后，灯 HL2 亮。

HL3 是刀架快速移动电机 M3 的工作指示灯，KM2 得电后，灯 HL3 亮。

EL 是照明灯，由开关 SA 控制。

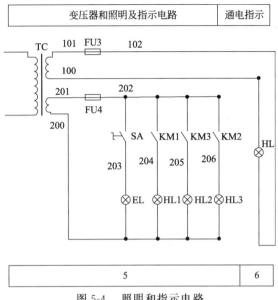

图 5-4 照明和指示电路

三、CA6140 车床电气故障检修方法和步骤

下面以"主轴电机 M1 不能启动"这个故障为例，学习机床常见电气故障的检修方法和步骤。

合上电源开关 QS1，按下按钮 SB2，主轴电机 M1 不启动。

有两种情况：

A——接触器 KM1 是否吸合，若 KM1 线圈得电吸合，则是主电路的故障，可按（A）步骤进行分析检修；

B——若 KM1 线圈不得电不吸合，则先检查控制电路，可按（B）步骤进行分析检修。

A 步骤：查找主电路，参考图 5-2。

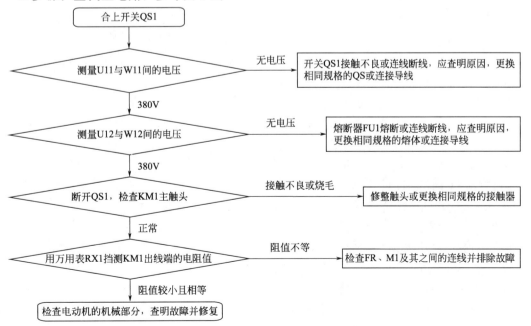

B 步骤：查找控制电路，参考图 5-3。

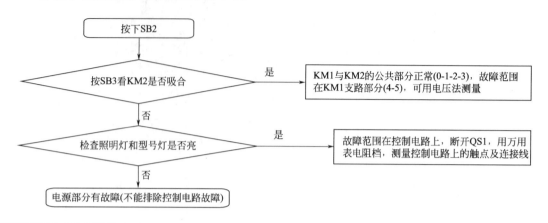

任务实施

一、实施工具、仪表及器材

① 工具：螺钉旋具、尖嘴钳、剥线钳、测电笔等。

② 仪表：万用表 MF47 型、摇表 5050 型各一块。

③ 器材：亚龙车床排故板。

④ 电器元件：电源开关 QF1 个、熔断器 8 个、接触器 3 个、变压器 1 个、热继电器 2 个、按钮 3 个、指示灯 4 个、照明灯 1 个。

二、实施过程

1. 熟练车床的控制过程、要求及特点

根据原理图分别画出主轴电机、冷却泵电机和刀架快速移动电机这三个电机单独控制的控制线路。

2. 设备正常测试

教师通电试车：利用无故障的 CA6140 车床智能实训考核单元，进行下列操作，引导学生观察现象，分析线路原理。

第一步：电动机 M1 的控制

合上电源开关 QS1，指示灯 HL 亮。

按下 SB2，电动机 M1 得电连续运行，指示灯 HL1 亮。

按下 SB1，M1 停止运行，指示灯 HL1 灭。

第二步：电动机 M2 的控制

按下 SB2，电机 M1 运行后，再合上组合开关 QS2（顺序控制）。

电动机 M2 得电连续运行，指示灯 HL3 亮。

断开 QS2，电动机 M2 停转，指示灯 HL3 灭。

第三步：电动机 M2 的点动控制

按下 SB3，电动机 M3 得电运行，指示灯 HL2 亮。

松开 SB3，电动机 M3 停止，指示灯 HL3 灭。

第四步：照明控制

扳动开关 SA，照明灯 EL 亮，再扳动 SA，照明灯 EL 灭。

3. 教师设置故障点并演示排除故障的过程

① 通电试车，观察故障现象（与前面教师操作的正确动作进行比较）。

② 根据故障现象，依据上面分析的电路图的控制过程，用逻辑分析法缩小故障范围，并尽量标出最小故障范围。

如何找到故障现象举例：

第一个故障现象：

KM1 不吸合，主轴电机 M1 不起动，主轴起动指示灯 HL1 不亮。KM2 不吸合，冷却泵电机 M2 不起动，冷却泵指示灯不亮。

操作过程：1—2—3—4—5—6—7—8—9，如图 5-5 所示。

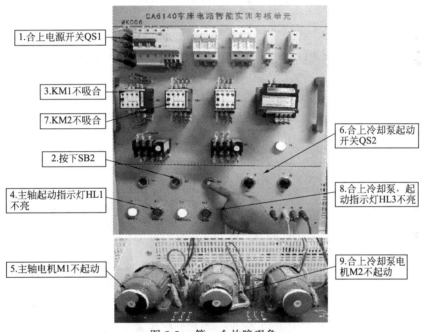

图 5-5　第一个故障现象

第二个故障现象：

KM2 吸合，冷却泵电机 M2 不起动。

操作过程：1—2—3—4—5—6—7—8—8—10—11—12—13—14—15，如图 5-6 所示。

③ 用电压测量法或断电后用电阻测量法进行测量，找到故障点。如图 5-7 所示。

④ 排除故障，再通电试车。

4. 故障设置及排除

教师设置故障，学生练习排除。

学生自己设置故障，自己进行排除练习。参照表 5-1 的内容进行。

5. 填写检修表

做好维修记录，填好故障检修表 5-1。

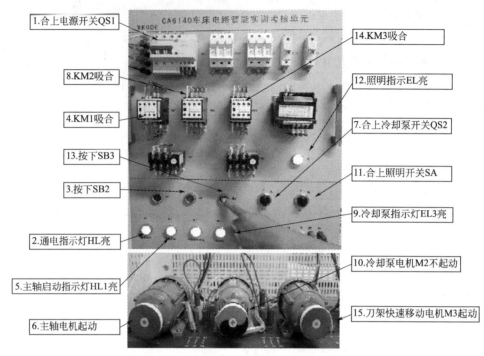

1.合上电源开关QS1
8.KM2吸合
4.KM1吸合
13.按下SB3
3.按下SB2
2.通电指示灯HL亮
5.主轴启动指示灯HL1亮
6.主轴电机起动

14.KM3吸合
12.照明指示EL亮
7.合上冷却泵开关QS2
11.合上照明开关SA
9.冷却泵指示灯EL3亮
10.冷却泵电机M2不起动
15.刀架快速移动电机M3起动

图 5-6　故障现象

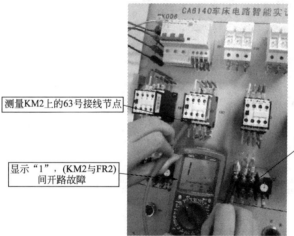

测量KM2上的63号接线节点
显示"1",(KM2与FR2)间开路故障
测量FR2的64号的接线节点

图 5-7　故障点检测

表 5-1　CA6140 故障现象

故障序号	故障点	故障描述	备注
1		全部电机均缺一相,所有控制回路失效	
2		主轴电机缺一相	
3		主轴正转缺一相	
4		M2、M3 电机缺一相,控制回路失效	
5		冷却泵电机缺一相	
6		刀架快速移动电机缺一相	
7		除照明灯外,其他控制均失效	
8		控制回路全部失效	

续表

故障序号	故障点	故障描述	备注
9		指示灯亮，其他控制均失效	
10		主轴电机不能起动	
11		除刀架快移动控制外其他控制失效	
12		刀架快移电机不启动，刀架快移动失效	
13		机床控制均失效	
14		主轴电机启动，冷却泵控制失效，QS2 不起作用	

三、注意事项

① 在教师许可后方可进行检修。

② 对电气线路进行检测，确定线路的故障点并排除。

③ 工具和仪表的使用应符合应用要求。

④ 严格遵守电工操作安全规程。

⑤ 不得擅自改变原线路接线，不得更改电路和元件位置。

⑥ 检修时，严禁扩大故障范围或产生新的故障点。

⑦ 停电也要验电，带电检修时，必须有指导教师在现场监护，以确保用电安全，同时要做好训练纪录。

⑧ 完成检修后能使该车床正常工作。

任务评价

任务评价表如表 5-2 所示。

表 5-2　CA6140 车床故障排除自评互评表

班级		姓名		学号		组别		
项　目	考核内容		配分	评分标准			自评	互评
原理图拆分	① 电机 M1 的原理图 ② 电机 M2 的原理图 ③ 电机 M3 的原理图		30 分	① 主电路部分不对　　扣 5 分 ② 控制电路部分错误　扣 5 分 ③ 照明或指示电路错误　扣 5 分				
故障排除	设置 10 个故障进行考核		60 分	① 一个故障不能排除　扣 6 分 ② 扩大故障范围　　　扣 10 分 ③ 出现新故障　　　　扣 10 分				
安全文明生产	遵守带电作业的操作规程		10 分	违反安全文明生产规程　扣 10 分				

拓展练习

① 根据电动机的控制要求和拖动特点，自己设计画出部分原理图。

② CA6140 车床中，若主轴电机只能点动，则可能的故障原因有哪些？在此情况下，冷却泵电动机能否正常工作？

知识拓展

为了更好地学习理解 CA6140 车床的控制过程，尝试把原理图可以分割成三台电动机独立控制的单元进行分析。

1. 主轴电动机 M1 的控制线路

主轴电动机 M1 的控制线路，如图 5-8 所示。

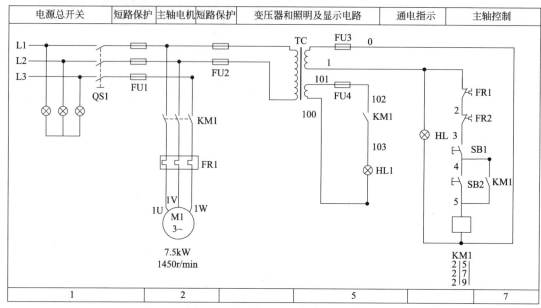

图 5-8　电动机 M1 的控制电路图

2. 冷却泵电动机 M2 的控制线路

冷却泵电动机 M2 的控制线路，如图 5-9 所示。

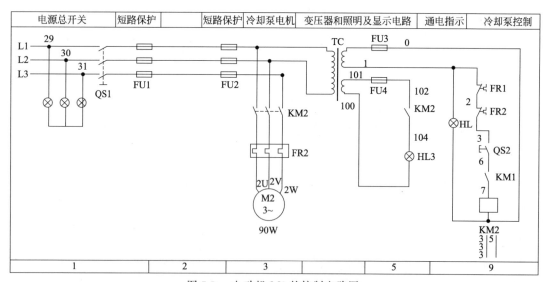

图 5-9　电动机 M2 的控制电路图

3. 刀架快速移动电动机 M3 的控制线路

刀架快速移动电动机 M3 的控制线路，如图 5-10 所示。

4. CA6140 车床含 16 个故障点的原理图

含有 16 个故障点的原理图如图 5-11 所示。

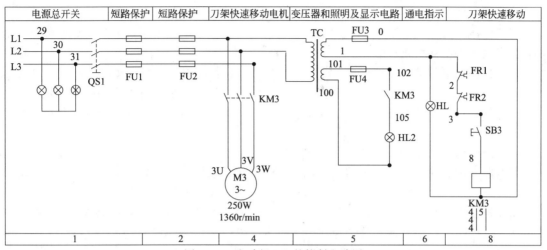

图 5-10　电动机 M3 的控制电路图

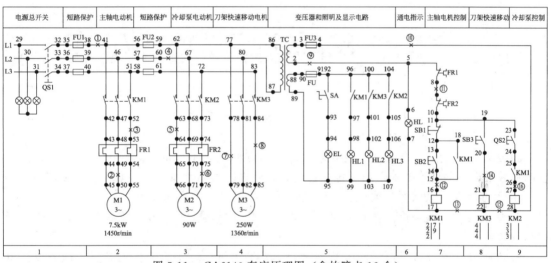

图 5-11　CA6140 车床原理图（含故障点 16 个）

5. 万用表的使用

数字万用表显示"1"，表示开路

指针万用表显示"∞"，表示开路

6. 如何阅读机床电气原理图

　　掌握了阅读原理图的方法和技巧，对于分析电气电路，排除机床电路故障是十分有意义的。机床电气原理图一般由主电路、控制电路、照明电路、指示电路等几部分组成。阅读方法如下。

（1）主电路的分析

阅读主电路时，关键是先了解主电路中有哪些用电设备，主要所起的作用，由哪些电器来控制，采取哪些保护措施。

（2）控制电路的分析

阅读控制电路时，根据主电路中接触器的主触点编号，很快找到相应的线圈以及控制电路。依次分析出电路的控制功能。从简单到复杂，从局部到整体，最后综合起来分析，就可以全面读懂控制电路。

（3）照明电路的分析

阅读照明电路时，查看变压器的变比、灯泡的额定电压。

（4）指示电路的分析

阅读指示电路时，了解这部分的内容，很重要的一点是：当电路正常工作时，为机床正常工作状态的指示；当机床出现故障时，是机床故障信息反馈的依据。

7. 在检修机床电气故障时应注意的问题

① 检修前应将机床清理干净。

② 将机床电源断开。

③ 电动机不能转动，要从电动机有无通电，控制电动机的接触器是否吸合入手，决不能立即拆修电动机。通电检查时，一定要先排除短路故障，在确认无短路故障后方可通电，否则，会造成更大的事故。

④ 当需要更换熔断器的熔体时，必须选择与原熔体型号相同的熔体，不得随意扩大，以免造成意外的事故或留下更大的后患。因为熔体的熔断，说明电路存在较大的冲击电流，如短路、严重过载、电压波动很大等。

⑤ 热继电器的动作、烧毁，也要求先查明过载原因，不然的话，故障还是会复发。并且修复后一定要按技术要求重新整定保护值，并要进行可靠性试验，以避免发生失控。

⑥ 用万用表电阻挡测量触点、导线通断时，量程置于"×1Ω"挡。

⑦ 如果要用兆欧表检测电路的绝缘电阻，应断开被测支路与其他支路的联系，避免影响测量结果。

⑧ 在拆卸元件及端子连线时，特别是对不熟悉的机床，一定要仔细观察，理清控制电路，千万不能蛮干。要及时做好记录、标号，避免在安装时发生错误，方便复原。螺丝钉、垫片等放在盒子里，被拆下的线头要做好绝缘包扎，以免造成人为的事故。

⑨ 试车前先检测电路是否存在短路现象。在正常的情况下进行试车，应当注意人身及设备安全。

⑩ 机床故障排除后，一切要恢复到原来样子。

任务二 ▷▷▷

M7120 磨床控制线路常见故障检查与排除

任务描述

磨床的种类很多，根据用途分为平面磨床、内圆磨床、外圆磨床、无心磨床等。M7120 型平面磨床是机械加工中使用较为普遍的一种平面磨床,主要是用于砂轮的周边或端面磨削加工各种零件的表面。具有操作方便、磨削精度和光洁度都比较高的特点,适于磨削精密零件和各种工具,并可作镜面磨削。我们要掌握它的控制要求,熟练 M7120 磨床控制线路中各个电动机的控制过程;熟练地排除亚龙设备上设置的磨床的 16 个故障,观察故障现象,分析故障原因,排除故障。

任务分析

要完成这个任务的实施,要学会识读并理解 M7120 磨床电路原理图,掌握其控制要求;学习磨床线路故障检修步骤,能针对故障现象,分析出检查故障的逻辑程序;掌握 M7120 磨床控制线路的常见故障分析和排除,对 M7120 磨床控制线路的 16 个常见故障进行检查与排除。

知识准备

一、M7120 磨床的型号意义及结构

1. M7120 磨床型号意义

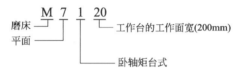

2. M7120 磨床的主要运动形式

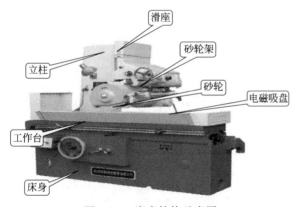

主运动是砂轮电机带动砂轮的旋转运动;砂轮架可横向进给,也可通过滑座沿立柱的导轨垂直上下移动;工作台可在纵向、横向和垂直三个方向快速移动。

3. M7120 磨床的外形与结构

M7120 磨床的主要结构由床身、工作台、电磁吸盘、砂轮箱、滑座、立柱等部分组成。如图 5-12 所示。

图 5-12 磨床结构示意图

二、M7120 磨床电气控制线路

1. M7120 磨床的电力拖动特点及控制要求

① 砂轮的高速旋转是主运动,通常采用两极笼型异步电动机获得较高的转速。砂轮电动机只要求单向旋转,可直接启动,无调速和制动的控制要求,砂轮直接装在电动机的轴上。

② 工作台是在液压传动作用下做纵向进给的往复运动,液压传动换向平稳,易实现无级调速,由液压泵电动机 M3 拖动液压泵。由装在工作台前侧的换向挡铁碰撞床身上的液压换向开关控制工作台进给方向。工作台可在纵向、横向和垂直三个方向快速移动,由液压机构实现。

③ 在磨削过程中，工作台换向一次，砂轮架就横向进给一次。

④ 砂轮架的上下位置是通过滑座沿立柱的导轨垂直上下移动来调整的，使砂轮磨入工件，以控制磨削平面时工件的尺寸。

⑤ 工件的夹持是利用电磁吸盘将工件固定，电磁吸盘有充磁和退磁的控制环节。

⑥ 冷却泵电动机 M2 拖动冷却泵旋转供给冷却液，它在砂轮电机 M1 启动后才能工作，具有顺序控制要求。

2. M7120 磨床的主电路分析

如图 5-13 所示，主电路中共有四台电动机，FU1 作它们的短路保护。

① M1 是液压泵电动机实现工作台的往复运动。用接触器 KM1 控制，只要求单向旋转，FR1 作过载保护。

② M2 是砂轮电动机，带动砂轮转动来完成磨削加工工件，它用接触器 KM2 控制，只要求单向旋转，FR2 作过载保护。

③ M3 是冷却泵电动机，FR3 作过载保护。

④ M4 是砂轮升降电动机，用于磨削过程中调整砂轮和工件之间的位置，电动机能正反转旋转，带动砂轮上升和下降。M4 短期工作，无过载保护。

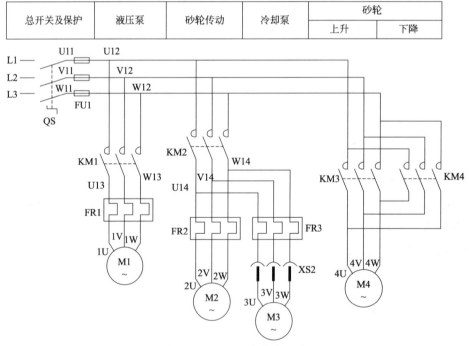

图 5-13　M7120 磨床主电路

3. M7120 磨床的控制电路的分析

磨床控制电路的分析如图 5-14 所示。

（1）液压泵电动机 M1 及指示灯的控制

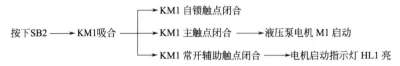

（2）砂轮电动机 M2 及指示灯的控制

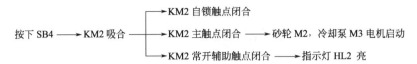

按下 SB4 ── KM2 吸合
- ── KM2 自锁触点闭合
- ── KM2 主触点闭合 ── 砂轮 M2，冷却泵 M3 电机启动
- ── KM2 常开辅助触点闭合 ── 指示灯 HL2 亮

（3）砂轮升降电机 M4 及指示灯的控制

按下 SB5 ── KM3 吸合
- ── KM3 互锁触点断开
- ── KM3 主触点闭合 ── 砂轮升降电机 M4 启动带动砂轮上升
- ── KM3 常开辅助触点闭合 ── 指示灯 HL3

按下 SB6 ── KM4 吸合
- ── KM4 互锁触点断开
- ── KM4 主触点闭合 ── 砂轮升降电机 M4 启动带动砂轮下降
- ── KM4 常开辅助触点闭合 ── 指示灯 HL3

液压泵控制	砂轮控制	砂轮升降		电磁吸盘控制		电磁吸盘	
		上升	下降	充磁	去磁	充磁	去磁

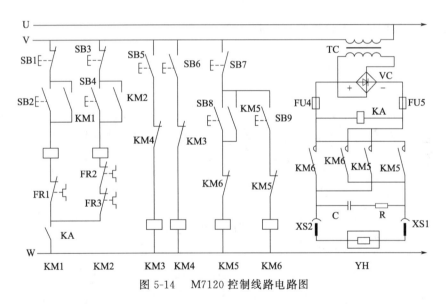

图 5-14 M7120 控制线路电路图

（4）电磁吸盘的控制

电磁吸盘是固定加工工件的一种夹具。利用通电导体在铁芯中产生的磁场吸牢铁磁材料的工件，以便加工。电磁吸盘的控制电路包括整流装置、控制装置和保护装置三个部分。整流装置由变压器 TC 和单相桥式全波整流器 VC 组成，供给直流电源。控制装置由按钮 SB8、SB9、SB7 和接触器 KM5、KM6 等组成。

充磁及指示灯控制：

按下 SB8 ── KM5 吸合
- ── KM5 互锁触点闭合
- ── KM5 主触点闭合 ── YH 线圈得电充磁
- ── KM5 自锁触点闭合 ── 指示灯 HL4 亮

去磁及指示灯的控制：

（5）保护装置

保护装置由放电电阻 R 和电容 C 以及零压继电器 KA 组成。电阻 R 和电容 C 的作用是：电磁吸盘是一个大电感，在充磁吸工件时，存储有大量磁场能量。当它脱离电源时的一瞬间，吸盘 YH 的两端产生较大的自感电动势，会使线圈和其他电器损坏，故用电阻和电容组成放电回路。利用电容 C 两端的电压不能突变的特点，使电磁吸盘线圈两端电压变化趋于缓慢，利用电阻 R 消耗电磁能量，如果参数选配得当，此时 R-L-C 电路可以组成一个衰减振荡电路，对去磁将是十分有利的。零压继电器 KA 的作用是：在加工过程中，若电源电压不足，则电磁吸盘将吸不牢工件，会导致工件被砂轮打出，造成严重事故，因此，在电路中设置了零压继电器 KA，将其线圈并联在直流电源上，其常开触头（7 区）串联在液压泵电机和砂轮电机的控制电路中，若电磁吸盘吸不牢工件，KA 就会释放，使液压泵电机和砂轮电机停转，保证了安全。

4. M7120 磨床的照明及指示电路的分析

如图 5-15 所示为照明及指示电路。

① 照明：图中 EL 为照明灯，其工作电压为 36V，由变压器 TC 副线圈供给。SA 为照明开关。合上开关 SA，照明灯 EL 亮。

② 指示：HL、HL1、HL2、HL3 和 HL4 为指示灯，其工作电压为 6.3V，由变压器 TC 供给。控制过程的分析见控制线路部分。合上电源开关 QS，电源指示灯 HL 亮。

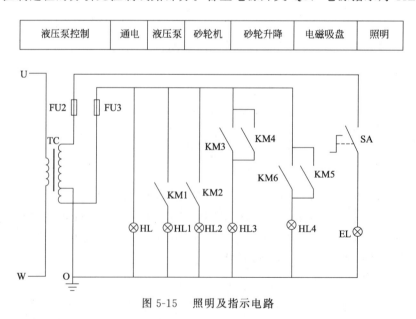

图 5-15　照明及指示电路

5. M7120 平面磨床常见故障检测与维修方法

M7120 平面磨床电气控制的特点是采用电磁吸盘，常见故障主要是电磁吸盘方面的故障。

（1）电磁吸盘没有吸力

首先应检查三相交流电源是否正常，然后检查 FU1、FU4 与 FU5 是否完好，接触是否正常，再检查接插器 X2 接触是否良好。如上述检查均未发现故障，则进一步检查电磁吸盘电路，包括 KA 线圈是否断开，吸盘线圈是否断路等。

（2）电磁吸盘吸力不足

常见的原因有交流电源电压低，导致直流电压相应下降，以致吸力不足。若直流电压正常，则可能系 X2 接触不良。

另一原因是桥式整流电路的故障。如整流桥一臂发生开路，将使直流输出电压下降一半左右，使吸力减小。若有一臂整流元件击穿形成短路，则与它相邻的另一桥臂的整流元件会因过电流而损坏，此时 TR 也会因电路短路而造成过电流，致使吸力很小甚至无吸力。

（3）电磁吸盘退磁效果差而造成工件难以取下

其故障原因在于退磁电压过高或去磁回路断开，无法去磁或去磁时间掌握不好等。

任务实施

一、实施工具、仪表及器材

① 工具：螺钉旋具、尖嘴钳、剥线钳、测电笔等。
② 仪表：万用表 MF47 型、摇表 5050 型各一块。
③ 器材：亚龙 M7120 磨床排故板。
④ 电器元件：电源开关 QF1 个、熔断器 10 个、接触器 6 个、变压器 1 个、热继电器 3 个、按钮 9 个、指示灯 5 个、照明灯 1 个。

二、实施过程

1. 熟练磨床的控制过程、要求及特点

根据原理图分别画出液压泵电机 M1、砂轮电机 M2、砂轮升降电机 M4 这三个电机单独控制的控制线路。

2. 认识设备元件并进行正常测试

教师通电试车：利用无故障的 M7120 磨床智能实训考核单元，进行下列操作，引导学生观察现象，分析原因。如图 5-16 所示。

3. M7120 平面磨床故障检测与排除的步骤

（1）故障现象判断

合上 QS，经检测发现其他控制回路正常，按下启动按钮 SB3，发现液压泵电动机 M1 有强烈的嗡嗡声无法启动，这是电机缺相运行的一种现象，可以确定故障现象是液压泵电动机 M1 缺一相。如图 5-17 所示。

（2）断电检测故障

断开 QS 电源开关，万用表旋到电阻 200 挡，用电阻法检测主轴电机转动所在电路，检测方法如图 5-18 所示，最后是找到故障点。

（3）排除故障再通电试车

4. 故障设置并排除

教师设置故障，学生练习排除。

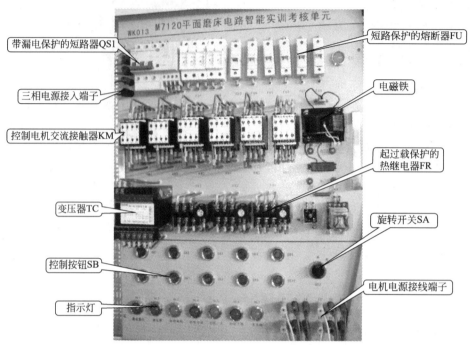

带漏电保护的短路器QS1

短路保护的熔断器FU

三相电源接入端子

电磁铁

控制电机交流接触器KM

起过载保护的
热继电器FR

变压器TC

旋转开关SA

控制按钮SB

电机电源接线端子

指示灯

图 5-16 M7120 磨床电路考核板

图 5-17 故障现象

图 5-18 检测故障

学生自己设置故障，自己进行排除练习。参照表 5-3 的内容进行。

5. 填写故障检修表

做好维修记录，填好故障检修表 5-3 中。

表 5-3　M7120 平面磨床电路故障现象

故障序号	故障点	故障描述	备注
1		液压泵电动机缺一相	
2		砂轮电动机、冷却泵电动机均缺一相(同一相)	
3		砂轮电动机缺一相	
4		砂轮下降电动机缺一相	
5		控制变压器缺一相,控制回路失效	
6		控制回路失效	
7		液压泵电机不启动	
8		KA 继电器不动作,液压泵、砂轮冷却、砂轮升降、电磁吸盘均不能启动	
9		砂轮上升失效	
10		电磁吸盘充磁和去磁失效	
11		电磁吸盘不能充磁	
12		电磁吸盘不能去磁	
13		整流电路中无直流电,KA 继电器不动作	
14		照明灯不亮	
15		电磁吸盘充磁失效	
16		电磁吸盘不能去磁	

三、注意事项

① 在教师许可后方可进行检修。

② 一定熟悉原理图,掌握线路的工作原理,熟悉故障线路板的组成,对电气线路进行检测,确定线路的故障点并排除。

③ 工具和仪表的使用应符合应用要求。

④ 严格遵守电工操作安全规程。

⑤ 不得擅自改变原线路接线,不得更改电路和元件位置。

⑥ 检修时,严禁扩大故障范围或产生新的故障点。

⑦ 停电也要验电。带电检修时,必须有指导教师在现场监护,以确保用电安全,同时要做好训练记录。

⑧ 完成检修后能使该磨床正常工作。

任务评价

任务评价见表 5-4 所示。

表 5-4　M7120 平面磨床故障排除自评互评表

班级		姓名		学号		组别			
项目	考核内容		配分	评分标准				自评	互评
原理图拆分	① 电机 M1 的原理图 ② 电机 M2 的原理图 ③ 电机 M4 的原理图		30 分	① 主电路部分不对　扣 5 分 ② 控制电路部分错误　扣 5 分 ③ 照明或指示电路错误　扣 5 分					
故障排除	设置 10 个故障进行考核		60 分	① 一个故障不能排除　扣 6 分 ② 扩大故障范围　扣 10 分 ③ 出现新故障　扣 10 分					
安全文明生产	遵守带电作业的操作规程		10 分	违反安全文明生产规程　扣 10 分					

拓展练习

① M7120 磨床电磁吸盘吸力不足会造成什么后果？吸力不足的原因有哪些？

② 分析原理图中 KA 的作用？原理图中 R—C 的作用？

知识拓展

1. 电动机的日常维护保养

① 电动机应保持表面清洁，进出风口必须畅通。不允许有水滴、油污或金属屑等任何异物进入电动机内部的情况。

② 经常检查电动机的接地装置是否保持牢固可靠。

③ 经常检查电动机的三相电源电压是否对称。

④ 经常用兆欧表测量电动机相与相、相与壳的绝缘电阻是否正常。

⑤ 经常检查运行中的电动机负载电流是否正常，用钳型电流表测量三相电流是否平衡。其中一相的电流不能超过三相平均值的 10%。

⑥ 经常检查电动机的温升是否正常，交流三相异步电动机各部分温升的最高允许值如表 5-5 所示。

表 5-5　三相异步电动机的最高允许温度（用温度计测量法　环境温度＋40℃）

绝缘等级		A	E	B	F	H
最高允许温度/℃	定子和绕线转子绕组	95	105	110	125	145
	定子铁芯	100	115	120	140	165
	滑环	100	110	120	130	140

⑦ 经常检查电动机的振动、噪声是否正常，有无异味、冒烟、启动困难等现象。一旦发现，应立即停车检修。

⑧ 经常检查电动机轴承是否过热、润滑脂是否不足或磨损等情况。

⑨ 经常检查绕线式异步电动机的电刷与滑环之间的接触压力、磨损及火花情况。

⑩ 经常检查直流电动机换向器表面是否光滑圆整，是否有机械损伤或火花灼伤等情况。

⑪ 经常检查机械传动装置的联轴器、带轮或传动齿轮是否有跳动的情况。

⑫ 经常检查电动机的引出线是否绝缘良好，是否连接可靠。

2. 电气故障检修的一般方法

① 检修前对故障进行调查。电气维修切忌盲目、随便动手检修。一定要通过问、看、听、摸等途径了解故障前后的操作情况和故障发生后的异常现象，根据故障现象判断出故障发生的部位，进而准确地排除故障。

② 用逻辑分析法确定并缩小故障范围。

③ 对故障范围内进行外观检查。主要检查范围内的电器元件及连接导线：电器元件触头是否脱落或接触不良；导线接头是否松动或脱落；继电器线圈是否烧坏，它的表层绝缘纸是否烧焦变色；弹簧是否脱落或断裂；电气开关的动作机构是否受阻失灵。

④ 用实验法进一步缩小故障范围。通电时一定遵守安全操作规程，必须注意设备和人身的安全，不得随意触动带电部分，尽可能切断电动机主电路电源，只给控制电路通电试验检查。

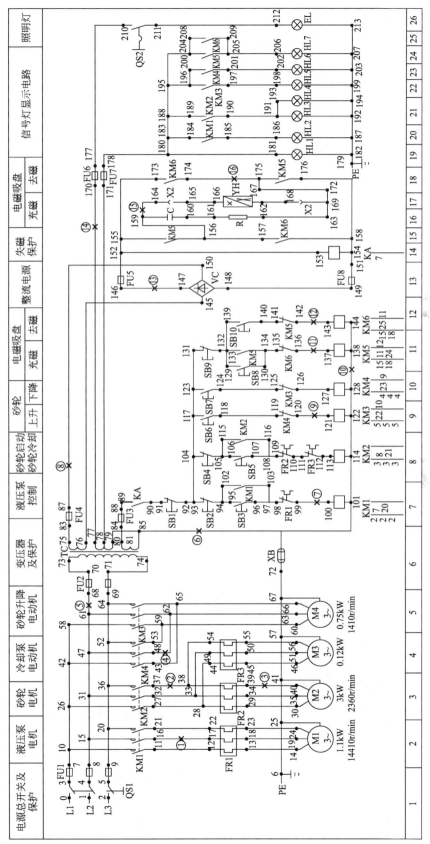

图 5-19 M7120 平面磨床原理图（含故障点）

⑤ 用测量法确定故障点。常用的测量工具和仪表有校验灯、测电笔、万用表、钳型电流表、兆欧表。通过它们对电路的电压、电阻和电流进行测量，来判定电器元件的好坏、设备的绝缘情况及线路的通断情况。

⑥ 检查是否存在机械、液压故障。

3. M7120 磨床的带故障点原理图

图 5-19 为 M7120 磨床的带故障点的原理图。

参 考 文 献

[1] 王建. 维修电工技能训练. 第 4 版. 北京：中国劳动社会保障出版社，2007.

[2] 曾祥富. 电气安装与维修项目实训. 北京：高等教育出版社，2012.

[3] 赵仁良. 电力拖动控制线路与技能训练. 第 3 版. 北京：中国劳动社会保障出版社，2001.